Ashwani Kumar

O potencial da inteligência artificial no marketing das redes sociais

Ashwani Kumar

O potencial da inteligência artificial no marketing das redes sociais

ScienciaScripts

Imprint

Cover image: www.ingimage.com

This book is a translation from the original published under ISBN 978-620-7-47150-8.

Publisher:
Sciencia Scripts
is a trademark of
Dodo Books Indian Ocean Ltd. and OmniScriptum S.R.L publishing group

120 High Road, East Finchley, London, N2 9ED, United Kingdom
Str. Armeneasca 28/1, office 1, Chisinau MD-2012, Republic of Moldova, Europe
Printed at: see last page
ISBN: 978-620-7-60884-3

PREFÁCIO

The Potential of Artificial Intelligence in Social Media Marketing (O potencial da inteligência artificial no marketing dos meios de comunicação social) embarca numa viagem à intersecção de duas forças poderosas que moldam o panorama empresarial moderno: A Inteligência Artificial (IA) e o marketing nas redes sociais. A convergência da IA e das redes sociais revolucionou a forma como as empresas se relacionam com os seus públicos, compreendem o comportamento dos consumidores e orientam as estratégias de marketing. À medida que as tecnologias de IA continuam a evoluir, oferecem oportunidades sem precedentes para as empresas aproveitarem as informações baseadas em dados, automatizarem processos e proporcionarem experiências personalizadas ao seu público-alvo. Este livro foi concebido como um guia completo para profissionais de marketing, líderes empresariais e qualquer pessoa interessada em compreender o impacto transformador da IA no marketing das redes sociais. O livro explora as várias aplicações da IA no marketing das redes sociais, desde a análise do público e a criação de conteúdos até à gestão e otimização de campanhas, estudos de caso, examinando as tendências do sector e discutindo as implicações éticas da adoção da IA nas práticas de marketing das redes sociais.

Sr. Ashwani Kumar

Índice

1. **Introdução ao Social Media Marketing e Inteligência Artificial.... 4**
2. **Tirar partido da IA para ouvir e monitorizar as redes sociais 17**
3. **Criação de conteúdos personalizados com IA 33**
4. **Publicidade nas redes sociais com base em IA 47**
5. **Aproveitamento da IA para análises e informações sobre redes sociais 60**

CAPÍTULO 1

Introdução ao marketing nas redes sociais e à inteligência artificial

Introdução

O marketing nas redes sociais tornou-se uma ferramenta indispensável para empresas de todas as dimensões no atual panorama digital. Com o surgimento de plataformas de redes sociais como o Facebook, o Instagram, o Twitter, o LinkedIn e outras, as empresas têm agora oportunidades inigualáveis para se ligarem aos seus públicos-alvo, criarem consciência da marca, impulsionarem o tráfego do sítio Web e, em última análise, aumentarem as vendas e as receitas.

Importância do marketing nas redes sociais: O marketing nas redes sociais oferece às empresas inúmeras vantagens que os canais de marketing tradicionais muitas vezes não conseguem igualar. Uma das suas principais vantagens é a capacidade de facilitar a comunicação direta e o envolvimento com os clientes. Ao contrário dos métodos de publicidade tradicionais, as plataformas de redes sociais permitem que as empresas interajam com o seu público em tempo real, respondendo a questões, abordando preocupações e promovendo relações significativas.

Além disso, o marketing nas redes sociais proporciona um alcance e uma capacidade de segmentação sem paralelo. Com milhares de milhões de utilizadores activos em várias plataformas, as empresas podem alcançar eficazmente os dados demográficos desejados com precisão e eficiência. As opções avançadas de segmentação, como a segmentação demográfica, geográfica e baseada em interesses, permitem que as empresas adaptem as suas mensagens a segmentos de público específicos, maximizando o impacto dos seus esforços de marketing.

Estratégias-chave do marketing nas redes sociais: Para ter sucesso no marketing das redes sociais, as empresas devem implementar estratégias eficazes adaptadas aos seus objectivos e público-alvo. Uma das estratégias fundamentais é estabelecer uma presença forte da marca em plataformas de redes sociais relevantes. Isto implica a criação de perfis apelativos, incluindo imagens de alta qualidade, textos cativantes e elementos de marca consistentes, para cativar e repercutir-se no público.

A criação e a distribuição de conteúdos são também componentes essenciais da estratégia de marketing nas redes sociais. As empresas devem esforçar-se por produzir conteúdos relevantes, valiosos e cativantes que tenham impacto no seu público-alvo. Quer se trate de publicações informativas em blogues, imagens apelativas, vídeos divertidos ou sondagens interactivas, os conteúdos atraentes podem ajudar a atrair e a reter seguidores, promovendo o envolvimento e a fidelidade ao longo do tempo.

Para além do conteúdo orgânico, a publicidade paga nas plataformas de redes sociais pode aumentar significativamente o alcance e a visibilidade de uma empresa. A publicidade nas redes sociais oferece vários formatos de anúncios, incluindo publicações patrocinadas, anúncios em carrossel, anúncios em vídeo e muito mais, permitindo que as empresas visem eficazmente o seu público-alvo e atinjam objectivos de marketing específicos, como a geração de leads, o tráfego do Web site ou a venda de produtos.

Melhores práticas para o sucesso do marketing nas redes sociais

Embora o marketing nas redes sociais apresente imensas oportunidades, também requer um planeamento, execução e monitorização cuidadosos para alcançar os resultados desejados. Aqui estão algumas práticas recomendadas para maximizar o sucesso:

Definir metas e objectivos claros: Defina objectivos específicos e mensuráveis para os seus esforços de marketing nas redes sociais, quer se trate de aumentar a notoriedade da marca, conduzir o tráfego do Web site ou gerar oportunidades. Estabeleça indicadores-chave de desempenho (KPIs) para acompanhar o progresso e avaliar o sucesso.

Conheça o seu público: Realize uma pesquisa exaustiva do público para compreender as preferências, os comportamentos e os pontos fracos do seu grupo demográfico alvo. Utilize esta informação para adaptar o seu conteúdo e as suas mensagens de modo a que o seu público-alvo se identifique eficazmente.

Criar conteúdo atraente: Invista em conteúdo envolvente e de alta qualidade que acrescente valor à vida do seu público. Experimente diferentes formatos, como imagens, vídeos, infográficos e conteúdo gerado pelo utilizador, para manter o seu feed diversificado e cativante.

Seja consistente: Mantenha um calendário de publicações consistente para manter o seu público envolvido e informado. Partilhe regularmente conteúdos relevantes, interaja com os seus seguidores e monitorize as conversas para se manter ativamente envolvido na comunidade das redes sociais.

Monitorizar e analisar o desempenho: Utilize ferramentas de análise das redes sociais para acompanhar o desempenho das suas campanhas e conteúdos. Analise métricas como o alcance, o envolvimento, as taxas de cliques e as conversões para identificar tendências, informações e áreas a melhorar.

O marketing nas redes sociais surgiu como uma ferramenta poderosa para as empresas se ligarem ao seu público, criarem consciência da marca e obterem resultados comerciais. Ao tirar partido das capacidades únicas das plataformas de redes sociais, as empresas podem interagir com o seu público de forma significativa, enviar mensagens direccionadas e atingir os seus objectivos de marketing. No entanto, o sucesso do marketing nas redes sociais requer planeamento estratégico, criação de conteúdos criativos e otimização contínua com base em informações baseadas em dados. Seguindo as melhores práticas e mantendo-se a par das tendências emergentes, as empresas podem aproveitar todo o potencial do marketing nas redes sociais para prosperar no atual panorama digital.

O papel da inteligência artificial no marketing moderno

No cenário em constante evolução do marketing moderno, manter-se à frente da curva é essencial para que as empresas prosperem. Um dos avanços mais significativos que está a remodelar o panorama do marketing é a integração da Inteligência Artificial (IA). A IA tornou-se rapidamente uma pedra angular das estratégias de marketing modernas, revolucionando a forma como as empresas compreendem os seus clientes, criam campanhas apelativas e optimizam os seus esforços de marketing.

Para começar, vamos entender o que significa a inteligência artificial no contexto do marketing. A inteligência artificial refere-se à simulação de processos de inteligência humana por máquinas, nomeadamente sistemas informáticos. Estes processos incluem a aprendizagem, o raciocínio, a resolução de problemas, a perceção e a compreensão da linguagem. No marketing, as tecnologias de IA abrangem uma vasta gama de aplicações, desde a análise de dados e a modelação preditiva até às experiências personalizadas dos clientes e à gestão automatizada de campanhas.

Uma das principais razões para a crescente importância da IA no marketing moderno é a sua capacidade de analisar grandes quantidades de dados de forma rápida e eficiente. Na era digital de hoje, as empresas têm acesso a uma quantidade sem precedentes de dados gerados a partir de várias fontes, incluindo redes sociais, interacções no website, histórico de compras e muito mais. No entanto, dar sentido a estes dados e extrair manualmente informações valiosas é uma tarefa difícil. É aqui que entram em ação as ferramentas analíticas alimentadas por IA.

Os algoritmos de IA podem processar e analisar grandes conjuntos de dados a uma escala e velocidade que os humanos simplesmente não conseguem igualar. Ao tirar partido dos algoritmos de aprendizagem automática, as empresas podem descobrir padrões, tendências e correlações nos seus dados, o que lhes permite obter conhecimentos mais profundos sobre o comportamento, as preferências e os hábitos de compra dos clientes. Estas informações são valiosas para desenvolver estratégias de marketing direccionadas, identificar novas oportunidades e otimizar o desempenho das campanhas.

Além disso, a inteligência artificial permite aos profissionais de marketing personalizar as suas interacções com os clientes a um nível nunca antes possível. Através de técnicas avançadas de personalização alimentadas por IA, as empresas podem fornecer experiências personalizadas a clientes individuais com base nas suas preferências, histórico de navegação, compras anteriores e informações demográficas. Quer se trate de recomendações personalizadas de produtos, personalização dinâmica de conteúdos ou campanhas de correio eletrónico direccionadas, a IA permite aos profissionais de marketing interagir com os clientes de uma forma mais significativa e relevante, conduzindo, em última análise, a taxas de conversão mais elevadas e à satisfação do cliente.

Outro aspeto fundamental da IA no marketing moderno é o seu papel na melhoria do envolvimento e da satisfação do cliente. Os chatbots e os assistentes virtuais alimentados por tecnologia de IA estão a ser cada vez mais utilizados pelas empresas para prestar apoio e assistência instantâneos aos clientes em vários canais, incluindo sítios Web, plataformas de redes sociais e aplicações de mensagens. Estas interfaces de conversação orientadas para a IA podem responder a questões dos clientes, fornecer recomendações de produtos, facilitar transacções e até resolver reclamações, tudo em tempo real. Ao oferecer interacções perfeitas e personalizadas 24 horas por dia, as empresas podem melhorar o serviço ao cliente, criar lealdade à marca e gerar negócios repetidos.

Além disso, a inteligência artificial desempenha um papel vital na automatização e otimização dos processos de marketing, poupando tempo e recursos às empresas e maximizando a eficiência e a eficácia. As ferramentas alimentadas por IA podem automatizar tarefas repetitivas, como a introdução de dados, a pontuação de leads, o marketing por correio eletrónico e a publicação nas redes sociais, permitindo que os profissionais de marketing se concentrem em actividades mais estratégicas. Além disso, os algoritmos de IA podem analisar continuamente as métricas de desempenho das campanhas e o feedback dos utilizadores para identificar áreas de melhoria e fazer ajustes em tempo real, garantindo que os esforços de marketing estão sempre alinhados com as metas e os objectivos da empresa.

A inteligência artificial tornou-se indispensável no marketing moderno, oferecendo às empresas oportunidades sem precedentes para compreenderem os seus clientes, personalizarem os seus esforços de marketing, melhorarem o envolvimento dos clientes e optimizarem o seu desempenho global de marketing. Ao aproveitar o poder das tecnologias de IA, as empresas podem obter uma vantagem competitiva no atual cenário de mercado altamente competitivo e impulsionar o crescimento sustentável e o sucesso a longo prazo. À medida que a IA continua a evoluir e a amadurecer, a sua importância no marketing só continuará a crescer, tornando essencial que as empresas adoptem e integrem a IA nas suas estratégias de marketing para se manterem à frente da curva.

Contexto histórico e evolução do marketing nas redes sociais

O marketing nas redes sociais tornou-se uma parte integrante das estratégias de marketing das empresas modernas, mas as suas raízes remontam aos primórdios da Internet. Compreender o contexto histórico e a evolução do marketing nas redes sociais permite compreender o seu significado e a forma como evoluiu para a ferramenta poderosa que é atualmente.

Os primórdios da Internet: No final do século XX, o aparecimento da Internet marcou uma mudança significativa na comunicação e na troca de informações. Os primórdios da Internet baseavam-se essencialmente em texto, com plataformas como a Usenet e os Bulletin Board Systems (BBS) que permitiam aos utilizadores interagir e partilhar informações no seio de comunidades específicas. Embora estas plataformas não tenham sido concebidas para fins de marketing, lançaram as bases para o futuro desenvolvimento das redes sociais.

A ascensão dos sites de redes sociais: O final dos anos 90 e o início dos anos 2000 assistiram ao aparecimento de sites de redes sociais que lançaram as bases para o marketing de redes sociais tal como o conhecemos atualmente. Plataformas como Six Degrees, Friendster e MySpace permitiram aos utilizadores criar perfis, estabelecer ligações com outros e partilhar conteúdos. Embora estas plataformas tenham sido inicialmente utilizadas para redes pessoais, as empresas depressa reconheceram o seu potencial de marketing.

O aparecimento de blogues e fóruns: Paralelamente aos sites de redes sociais, os blogues e os fóruns online ganharam popularidade como plataformas para partilhar informações e interagir com o público. As empresas começaram a reconhecer o valor da criação de conteúdos para atrair e envolver potenciais clientes. Os primeiros a adotar os blogues, como Seth Godin e Brian Clark, abriram caminho para que as empresas utilizassem o marketing de conteúdos como estratégia para atingir o seu público-alvo.

O advento da Web 2.0: O conceito de Web 2.0, cunhado no início dos anos 2000, marcou uma mudança no sentido do conteúdo gerado pelo utilizador e da interatividade na Web. Esta era assistiu ao aparecimento de plataformas como o Facebook, o YouTube e o Twitter, que permitiram aos utilizadores criar, partilhar e interagir com conteúdos em tempo real. As empresas aperceberam-se rapidamente do potencial de marketing destas plataformas e começaram a incorporá-las nas suas estratégias de marketing.

A ascensão do marketing nas redes sociais: Em meados da década de 2000, o marketing nas redes sociais emergiu como uma disciplina distinta dentro do campo mais vasto do marketing digital. As empresas começaram a criar perfis de empresa em sítios de redes sociais e a interagir com o seu público através de conteúdos e publicidade. A introdução das páginas do Facebook para empresas em 2007 solidificou ainda mais o papel das redes sociais como um canal de marketing.

A integração das redes sociais nas estratégias de marketing: À medida que as plataformas de redes sociais continuaram a evoluir, as empresas começaram a integrar as redes sociais nas suas estratégias gerais de marketing. O marketing nas redes sociais tornou-se mais sofisticado, com as empresas a tirarem partido da análise de dados e das capacidades de segmentação para atingirem públicos específicos. A introdução de opções de publicidade em plataformas como o Facebook e o Twitter proporcionou às empresas novas oportunidades para promoverem os seus produtos e serviços.

A Era do Marketing de Influenciadores: Nos últimos anos, o marketing de influenciadores emergiu como uma tendência dominante no marketing das redes sociais. Os influenciadores, que construíram seguidores grandes e empenhados em plataformas como o Instagram e o YouTube, colaboram com as marcas para promover os seus produtos e serviços junto do seu público. Esta forma de marketing capitaliza a confiança e a autenticidade que os influenciadores construíram com os seus seguidores, tornando-se uma forma eficaz de as empresas alcançarem novos públicos.

O futuro do marketing nas redes sociais: Olhando para o futuro, o marketing nas redes sociais está preparado para continuar a evoluir à medida que surgem novas tecnologias e plataformas. Tendências como o conteúdo de vídeo, a transmissão em direto e a realidade aumentada estão a remodelar a forma como as empresas interagem com o seu público nas redes sociais. Além disso, os avanços na inteligência artificial e na análise de dados irão aumentar ainda mais a eficácia das campanhas de marketing nas redes sociais.

O contexto histórico e a evolução do marketing nas redes sociais realçam o seu impacto transformador na forma como as empresas se relacionam com o seu público. Desde os primórdios da Internet até à ascensão dos sítios de redes sociais e do marketing de influência, o marketing nas redes sociais tem evoluído continuamente para satisfazer as necessidades em constante mudança das empresas e dos consumidores. Ao olharmos para o futuro, o marketing nas redes sociais continuará a evoluir, oferecendo novas oportunidades e desafios às empresas que procuram tirar partido do seu poder.

Tecnologias de IA utilizadas no marketing das redes sociais

No cenário em rápida evolução do marketing digital, a integração da IA surgiu como um fator de mudança, particularmente no domínio do marketing das redes sociais. As tecnologias de IA permitem aos profissionais de marketing analisar grandes quantidades de dados, personalizar conteúdos e otimizar campanhas com uma eficiência e precisão sem precedentes. Entre a pletora de tecnologias de IA utilizadas no marketing das redes sociais, a aprendizagem automática, o processamento de linguagem natural (PNL) e a visão por computador destacam-se como as pedras angulares da inovação e da eficácia.

Aprendizagem automática: A aprendizagem automática, um subconjunto da IA, gira em torno do desenvolvimento de algoritmos que permitem aos computadores aprender com os dados e melhorar o seu desempenho ao longo do tempo sem programação explícita. No marketing das redes sociais, os algoritmos de aprendizagem automática desempenham um papel fundamental na análise de vastos conjuntos de dados para obter informações úteis, prever o comportamento dos utilizadores e otimizar as campanhas de marketing.

Uma das principais aplicações da aprendizagem automática no marketing das redes sociais é a análise preditiva. Ao analisar dados históricos sobre interacções dos utilizadores, padrões de envolvimento e informações demográficas, os modelos de aprendizagem automática podem prever tendências e resultados futuros com uma precisão notável. Por exemplo, plataformas como o Facebook e o Twitter utilizam algoritmos de aprendizagem automática para prever as preferências dos utilizadores e apresentar conteúdos personalizados nos feeds dos utilizadores, melhorando assim a experiência do utilizador e impulsionando o envolvimento.

Além disso, a aprendizagem automática facilita a análise de sentimentos, um processo que envolve a extração de opiniões, emoções e atitudes expressas em conteúdos textuais. As plataformas de redes sociais utilizam algoritmos de análise de sentimentos para monitorizar o sentimento da marca, identificar potenciais crises e avaliar as reacções do público às campanhas de marketing em tempo real. Ao analisar o sentimento dos comentários, críticas e menções dos utilizadores, os profissionais de marketing podem obter informações valiosas sobre as percepções dos clientes e adaptar as suas estratégias em conformidade.

Outra aplicação significativa da aprendizagem automática no marketing das redes sociais são os sistemas de recomendação. Estes sistemas utilizam filtragem colaborativa e algoritmos baseados em conteúdos para recomendar conteúdos, produtos ou serviços relevantes aos utilizadores com base nas suas preferências e interacções anteriores. Por exemplo, plataformas como o YouTube e o Instagram utilizam algoritmos de recomendação para sugerir vídeos e publicações personalizadas aos utilizadores, aumentando assim o envolvimento e a retenção dos utilizadores.

Processamento de linguagem natural (PNL): O Processamento de linguagem natural (PNL) é um ramo da IA que se concentra em permitir que os computadores compreendam, interpretem e gerem linguagem humana. No contexto do marketing das redes sociais, as tecnologias de PNL permitem que os profissionais de marketing analisem o conteúdo textual, extraiam informações significativas e interajam com o público de forma mais eficaz.

Uma das principais aplicações da PNL no marketing das redes sociais é a escuta social. A escuta social envolve a monitorização e análise de conversas, menções e discussões online relacionadas com uma marca, produto ou sector. Os algoritmos de PNL permitem que os profissionais de marketing extraiam palavras-chave, tópicos e sentimentos relevantes de publicações, comentários e análises nas redes sociais, obtendo assim informações valiosas sobre as preferências, tendências e sentimentos dos clientes.

Além disso, a PNL facilita o desenvolvimento de chatbots e assistentes virtuais, que são cada vez mais utilizados pelas marcas para automatizar o serviço ao cliente, fornecer recomendações personalizadas e interagir com o público em tempo real. Estes chatbots alimentados por IA utilizam algoritmos de PNL para compreender as consultas dos utilizadores, fornecer respostas relevantes e simular conversas naturais semelhantes às humanas, aumentando assim a satisfação do cliente e impulsionando as conversões.

Além disso, as tecnologias PNL permitem aos profissionais de marketing analisar e otimizar a eficácia dos seus esforços de marketing de conteúdos. Ao analisar a linguagem, o tom e a legibilidade das publicações e legendas nas redes sociais, os algoritmos de PNL podem fornecer recomendações para melhorar a qualidade do conteúdo, aumentar o envolvimento e repercutir-se nos públicos-alvo.

Visão por computador: A visão por computador é um campo da IA que se concentra em permitir que os computadores interpretem e analisem informações visuais de imagens, vídeos e outros meios visuais. No domínio do marketing das redes sociais, as tecnologias de visão por computador permitem aos profissionais de marketing extrair informações do conteúdo visual, personalizar as experiências do utilizador e melhorar a visibilidade da marca.

Uma das principais aplicações da visão computacional no marketing dos media sociais é o reconhecimento e a análise de imagens. Ao tirar partido dos algoritmos de aprendizagem profunda, os sistemas de visão por computador podem identificar objectos, cenas, logótipos e rostos em imagens e vídeos, permitindo assim aos profissionais de marketing categorizar o conteúdo visual, acompanhar as menções à marca e monitorizar a visibilidade da marca nas plataformas de redes sociais.

Além disso, a visão por computador facilita o desenvolvimento de experiências de realidade aumentada (RA) e de realidade virtual (RV), que permitem às marcas criar experiências de narração imersivas e interactivas para os seus públicos. Ao sobrepor conteúdos digitais ao mundo real ou ao criar ambientes virtuais, as marcas podem envolver os utilizadores de formas únicas e memoráveis, promovendo o conhecimento e a afinidade com a marca.

Além disso, as tecnologias de visão por computador permitem aos profissionais de marketing analisar o conteúdo visual para conteúdo gerado pelo utilizador (UGC) e campanhas de marketing de influência. Ao identificar e selecionar automaticamente imagens e vídeos gerados pelo utilizador que apresentem os seus produtos ou marca, os profissionais de marketing podem ampliar o seu alcance, promover o envolvimento da comunidade e aproveitar o poder da prova social para impulsionar as conversões.

A integração de tecnologias de IA, como a aprendizagem automática, o processamento de linguagem natural e a visão por computador, revolucionou o panorama do marketing nas redes sociais, permitindo aos profissionais de marketing analisar dados, personalizar conteúdos e interagir com o público de forma mais eficaz do que nunca. Ao aproveitarem as capacidades destas tecnologias-chave de IA, os profissionais de marketing podem obter informações valiosas sobre as preferências dos clientes, otimizar as suas estratégias de marketing e obter resultados significativos no mundo dinâmico das redes sociais.

CAPÍTULO 2

Tirar partido da IA para ouvir e monitorizar as redes sociais

Introdução

No cenário em rápida evolução do marketing digital, as redes sociais surgiram como uma plataforma fundamental para as empresas se ligarem ao seu público, construírem uma presença de marca e promoverem o envolvimento. No entanto, ter apenas uma presença nas redes sociais não é suficiente; compreender as conversas que acontecem em torno da sua marca e do seu sector é crucial para o sucesso. É aqui que entram em jogo os conceitos de escuta e monitorização das redes sociais.

Compreender a escuta e a monitorização das redes sociais: A escuta dos meios de comunicação social envolve a monitorização ativa dos canais dos meios de comunicação social para detetar menções, discussões e sentimentos relacionados com a sua marca, produtos, concorrentes, indústria e palavras-chave relevantes. Vai além do simples acompanhamento de gostos, partilhas e comentários nas suas próprias publicações; envolve a monitorização de conversas em várias plataformas para obter informações valiosas sobre as preferências, opiniões e tendências dos clientes.

Por outro lado, a monitorização das redes sociais refere-se ao acompanhamento e análise sistemáticos dos canais das redes sociais para recolher dados e identificar tendências, padrões e oportunidades relevantes. Envolve a monitorização de métricas como taxas de envolvimento, alcance, análise de sentimentos e menções à marca para avaliar a eficácia dos seus esforços nas redes sociais e tomar decisões informadas.

As vantagens da escuta e monitorização dos meios de comunicação social

Informações sobre o cliente: A escuta e a monitorização das redes sociais fornecem às empresas informações valiosas sobre as preferências, opiniões e comportamentos dos clientes. Ao analisar as conversas e os sentimentos, as empresas podem compreender melhor o seu público-alvo, identificar pontos problemáticos e descobrir tendências emergentes.

Gestão da reputação da marca: A monitorização das redes sociais permite às empresas gerir proactivamente a reputação da sua marca, abordando as preocupações dos clientes, respondendo a comentários e resolvendo problemas em tempo real. Permite às empresas manter uma imagem de marca positiva e criar confiança junto do seu público.

Análise da concorrência: A monitorização das redes sociais permite que as empresas acompanhem as actividades, campanhas e estratégias dos seus concorrentes. Ao analisar os dados da concorrência, as empresas podem identificar lacunas no mercado, avaliar o seu desempenho e manter-se à frente da concorrência.

Otimização da estratégia de conteúdos: Ao ouvir as conversas nas redes sociais, as empresas podem obter informações sobre o tipo de conteúdo que o seu público considera envolvente e relevante. Isto permite-lhes otimizar a sua estratégia de conteúdos, criar conteúdos direccionados e personalizados, e conduzir a níveis mais elevados de envolvimento e conversões.

Gestão de crises: A monitorização dos meios de comunicação social ajuda as empresas a detetar e a resolver potenciais crises antes que estas se agravem. Ao monitorizar as conversas e os sentimentos, as empresas podem identificar menções negativas, rumores ou problemas e responder prontamente para mitigar qualquer potencial dano à reputação da sua marca.

Melhores práticas para ouvir e monitorizar as redes sociais

Defina os seus objectivos: Defina claramente as suas metas e objectivos para a monitorização e escuta das redes sociais. Determine quais as métricas e KPIs que irá monitorizar e como irá utilizar as informações para informar a sua estratégia de marketing.

Escolha as ferramentas certas: Invista em ferramentas robustas de monitorização e escuta dos meios de comunicação social que estejam de acordo com os seus objectivos e orçamento. Estas ferramentas devem fornecer análises abrangentes, análise de sentimentos e capacidades de monitorização em tempo real em várias plataformas de redes sociais.

Monitorizar palavras-chave relevantes: Identifique palavras-chave, hashtags e frases relevantes relacionadas com a sua marca, sector, produtos e concorrentes. Utilize estas palavras-chave para monitorizar as conversas e os sentimentos nos canais das redes sociais.

Interaja com o seu público: Interaja ativamente com o seu público, respondendo a comentários, mensagens e menções de forma atempada e personalizada. Mostre ao seu público que está a ouvir os seus comentários e que valoriza as suas opiniões.

Analisar e alterar continuamente: Analise regularmente os dados e as informações recolhidas a partir da monitorização e escuta das redes sociais. Utilize estas informações para aperfeiçoar as suas estratégias de marketing, otimizar o seu conteúdo e melhorar o seu desempenho geral nas redes sociais.

Na era digital atual, a escuta e a monitorização das redes sociais tornaram-se ferramentas indispensáveis para as empresas que procuram manter-se competitivas e ligadas ao seu público. Ao ouvir ativamente as conversas, monitorizar as tendências e analisar os dados, as empresas podem obter informações valiosas sobre as preferências, os sentimentos e os comportamentos dos clientes. Isto permite-lhes tomar decisões informadas, otimizar as suas estratégias de marketing e, em última análise, impulsionar o crescimento do negócio. Adotar a escuta e a monitorização dos meios de comunicação social não se trata apenas de se manter à frente da curva; trata-se de se manter relevante e reativo num cenário digital em constante mudança.

O papel da IA na análise das conversas nas redes sociais

Na era digital atual, as redes sociais tornaram-se uma ferramenta indispensável para as empresas se ligarem aos seus públicos, compreenderem as tendências do mercado e adaptarem as suas estratégias de marketing em conformidade. No entanto, com o enorme volume de dados gerados nas plataformas de redes sociais a cada segundo, analisar e extrair manualmente informações valiosas destas conversas é praticamente impossível. É aqui que a IA entra em ação, revolucionando a forma como as empresas analisam as conversas nas redes sociais.

As ferramentas e os algoritmos alimentados por IA transformaram a análise das redes sociais, oferecendo capacidades avançadas para analisar grandes quantidades de dados, identificar padrões, sentimentos e tendências e extrair informações accionáveis em tempo real. Da análise de sentimentos à deteção de tendências, a IA permite que as empresas aprofundem as conversas nas redes sociais e retirem conclusões significativas que orientam a tomada de decisões estratégicas.

Uma das principais funções da IA na análise das conversas nas redes sociais é a análise de sentimentos. A análise de sentimentos, também conhecida como extração de opiniões, envolve a determinação do sentimento ou do tom emocional expresso em publicações, comentários e discussões nas redes sociais. Os algoritmos de IA utilizam técnicas de PNL para categorizar o texto em sentimentos positivos, negativos ou neutros, permitindo às empresas avaliar a opinião pública sobre a sua marca, produtos ou serviços. Ao compreender as tendências de sentimento, as empresas podem identificar áreas de melhoria, abordar as preocupações dos clientes e capitalizar o feedback positivo para melhorar a reputação da sua marca.

Além disso, a análise de sentimentos baseada em IA vai para além da mera categorização de sentimentos; pode também identificar o contexto e as emoções subjacentes ao texto. Por exemplo, pode distinguir entre sarcasmo, ironia ou humor, o que pode não ser evidente para os métodos tradicionais de análise de sentimentos. Esta compreensão diferenciada permite às empresas interpretar as conversas nas redes sociais com maior precisão e responder adequadamente aos comentários ou pedidos de informação dos clientes.

Outro papel crucial da IA na análise das redes sociais é a deteção e previsão de tendências. Com o ritmo acelerado a que a informação se espalha nas redes sociais, identificar tendências emergentes e tópicos de interesse é essencial para se manter à frente da concorrência. Os algoritmos de IA podem analisar grandes conjuntos de dados de conversas nas redes sociais, identificar padrões, palavras-chave e hashtags que indicam tópicos ou discussões de tendência. Ao monitorizar estas tendências em tempo real, as empresas podem adaptar as suas campanhas de marketing, criar conteúdos relevantes e interagir com o seu público em tópicos que lhes interessam, aumentando assim a visibilidade e a relevância da marca.

Além disso, os modelos de previsão de tendências baseados em IA utilizam dados históricos e algoritmos de aprendizagem automática para prever tendências futuras e antecipar alterações no comportamento dos consumidores. Ao analisar tendências passadas e identificar padrões recorrentes, estes modelos podem fornecer informações valiosas sobre as tendências futuras, permitindo que as empresas adaptem as suas estratégias de forma proactiva e capitalizem as oportunidades emergentes.

Para além da análise de sentimentos e da deteção de tendências, a IA também desempenha um papel crucial na escuta das redes sociais e na monitorização da marca. A escuta das redes sociais envolve a monitorização e análise das conversas sobre uma marca, produto ou sector em várias plataformas de redes sociais. As ferramentas alimentadas por IA podem seguir automaticamente as menções, hashtags e palavras-chave relacionadas com a marca, filtrar o ruído e fornecer informações accionáveis com base nos dados recolhidos. Quer se trate de monitorizar o feedback dos clientes, acompanhar as actividades da concorrência ou identificar influenciadores, as ferramentas de escuta das redes sociais baseadas em IA permitem que as empresas se mantenham informadas e reajam à dinâmica do mercado em tempo real.

Além disso, a IA melhora a monitorização das redes sociais ao oferecer capacidades avançadas, como o reconhecimento de imagens e vídeos. Os algoritmos de IA podem analisar conteúdos multimédia partilhados em plataformas de redes sociais, identificar logótipos, produtos ou objectos específicos e extrair informações valiosas de dados visuais. Isto permite às empresas compreender como a sua marca é retratada visualmente nos canais das redes sociais, monitorizar os conteúdos gerados pelos utilizadores e identificar potenciais oportunidades para estratégias de marketing visual.

No entanto, embora a IA traga inúmeros benefícios à análise das conversas nas redes sociais, também levanta considerações e desafios éticos. Uma das preocupações é a privacidade e a proteção de dados, uma vez que os algoritmos de IA requerem acesso a grandes quantidades de dados gerados pelos utilizadores para funcionarem eficazmente. Garantir a conformidade com os regulamentos de privacidade de dados e implementar medidas de segurança robustas é crucial para salvaguardar as informações dos utilizadores e manter a confiança dos clientes.

Além disso, a análise das redes sociais com recurso à IA pode ser suscetível a enviesamentos inerentes aos dados ou aos algoritmos utilizados. Os enviesamentos nos dados de treino ou na tomada de decisões algorítmicas podem levar a percepções imprecisas ou enviesadas, afectando potencialmente as decisões empresariais e perpetuando as desigualdades sociais. Por conseguinte, é essencial que as empresas adoptem práticas de IA transparentes e responsáveis, auditem regularmente os seus algoritmos em busca de enviesamentos e tomem medidas proactivas para os mitigar.

O papel da IA na análise das conversas nas redes sociais é transformador, permitindo às empresas extrair informações valiosas, compreender os sentimentos dos clientes e antecipar as tendências do mercado com uma precisão e eficiência sem precedentes. Ao tirar partido de ferramentas e algoritmos orientados para a IA, as empresas podem obter uma vantagem competitiva, melhorar a reputação da marca e estabelecer ligações mais profundas com o seu público-alvo no panorama dinâmico do marketing nas redes sociais. No entanto, há que ter em conta considerações e desafios éticos para garantir uma utilização responsável e equitativa da IA na análise das redes sociais, promovendo a confiança e a transparência no ecossistema digital.

Ferramentas e plataformas para a escuta de redes sociais com IA

No panorama dinâmico do marketing dos meios de comunicação social, é fundamental estar atento ao ritmo das conversas em linha. A escuta das redes sociais, o processo de monitorização e análise dos canais das redes sociais para detetar menções, palavras-chave e tendências relevantes para uma marca ou sector, tornou-se um aspeto indispensável das estratégias de marketing digital. Com o advento da inteligência artificial (IA), as capacidades de escuta das redes sociais foram significativamente melhoradas, permitindo aos profissionais de marketing obter informações accionáveis e tomar decisões informadas.

Hootsuite Insights: O Hootsuite Insights é uma ferramenta robusta de monitorização dos meios de comunicação social que utiliza a IA para monitorizar as conversas online em várias plataformas em tempo real. As suas capacidades avançadas de análise de sentimentos permitem aos utilizadores avaliar o sentimento por detrás das menções e conversas, permitindo uma melhor compreensão das percepções dos clientes e do sentimento da marca. Além disso, o Hootsuite Insights utiliza algoritmos de processamento de linguagem natural (PNL) para identificar tendências e tópicos emergentes, fornecendo aos profissionais de marketing informações valiosas para a estratégia de conteúdos e o planeamento de campanhas.

Brandwatch: A Brandwatch é outro interveniente proeminente no domínio da escuta das redes sociais com base em IA. A sua plataforma de análise orientada para a IA oferece uma monitorização e análise abrangentes das menções nas redes sociais, permitindo que as marcas acompanhem a sua reputação online, monitorizem a atividade dos concorrentes e identifiquem influenciadores no seu nicho. A Brandwatch utiliza algoritmos de aprendizagem automática para classificar e categorizar as menções com base na relevância e no contexto, permitindo que os profissionais de marketing descubram informações accionáveis e optimizem as suas estratégias de redes sociais em conformidade.

Talkwalker: A Talkwalker é uma plataforma líder de escuta e análise social que aproveita a IA para fornecer informações accionáveis e recomendações baseadas em dados. A sua tecnologia de reconhecimento de imagem alimentada por IA permite às marcas monitorizar e analisar o conteúdo visual partilhado nas plataformas de redes sociais, incluindo imagens, vídeos e memes. Além disso, os algoritmos de IA da Talkwalker podem detetar padrões e anomalias em conversas online, permitindo aos profissionais de marketing identificar tendências emergentes, detetar potenciais crises e capitalizar oportunidades em tempo real.

Sprout Social: O Sprout Social oferece um conjunto abrangente de ferramentas de gestão e escuta de redes sociais, incluindo capacidades analíticas e de elaboração de relatórios baseadas em IA. Os seus algoritmos avançados de análise de sentimento permitem aos utilizadores classificar as menções com base no sentimento e na emoção, fornecendo informações valiosas sobre as percepções dos clientes e as tendências de sentimento ao longo do tempo. Além disso, o Sprout Social emprega análises preditivas para prever tendências futuras e identificar oportunidades de engajamento e crescimento, capacitando os profissionais de marketing a ficarem à frente da curva em suas estratégias de redes sociais.

Sysomos: A Sysomos é uma poderosa plataforma de escuta e análise de redes sociais que utiliza a IA e a aprendizagem automática para fornecer informações e inteligência accionáveis. As suas capacidades de análise de sentimentos baseadas em IA permitem às marcas compreender o sentimento por detrás das conversas online e identificar potenciais riscos ou oportunidades. Além disso, a Sysomos emprega algoritmos avançados de modelação de tópicos para categorizar e analisar grandes volumes de dados de redes sociais, permitindo que os profissionais de marketing descubram informações ocultas e identifiquem tendências emergentes no seu sector.

As ferramentas e plataformas de escuta de redes sociais alimentadas por IA revolucionaram a forma como os profissionais de marketing monitorizam, analisam e aproveitam as conversas online para a tomada de decisões estratégicas. Desde a análise de sentimentos e deteção de tendências até à identificação de influenciadores e gestão de crises, estas ferramentas oferecem uma grande variedade de funcionalidades e capacidades para ajudar as marcas a navegar eficazmente no complexo panorama do marketing nas redes sociais. Ao aproveitarem o poder da IA, os profissionais de marketing podem obter informações mais profundas sobre o comportamento dos consumidores, otimizar as suas estratégias de redes sociais e promover um envolvimento e crescimento significativos para as suas marcas.

Estudos de caso

Estudo de caso 1: Análise de sentimentos da Coca-Cola com IA

A Coca-Cola implementou uma análise de sentimentos baseada em IA para monitorizar as conversas sobre a sua marca nas plataformas de redes sociais. Ao analisar diariamente milhões de publicações nas redes sociais, a Coca-Cola obteve informações em tempo real sobre o sentimento dos clientes, o que lhe permitiu adaptar as suas campanhas de marketing em conformidade. Esta abordagem ajudou a Coca-Cola a identificar tendências emergentes, a responder prontamente às preocupações dos clientes e a melhorar a perceção da marca.

Estudo de caso 2: Automatização do serviço ao cliente da Nike

A Nike utilizou chatbots baseados em IA para otimizar o seu serviço ao cliente nas plataformas de redes sociais. Ao utilizar algoritmos de processamento de linguagem natural (PNL), os chatbots da Nike conseguiram compreender e responder eficazmente aos pedidos de informação e reclamações dos clientes. Esta abordagem automatizada não só melhorou os tempos de resposta, como também permitiu à Nike lidar com um maior volume de interacções com os clientes, aumentando a satisfação geral dos mesmos.

Estudo de caso 3: Estratégia de escuta social da Starbucks

A Starbucks implementou ferramentas de escuta social baseadas em IA para monitorizar as discussões sobre as tendências do café, as preferências dos clientes e as actividades da concorrência. Ao analisar grandes quantidades de dados das redes sociais, a Starbucks obteve informações valiosas sobre o comportamento dos consumidores, o que permitiu o desenvolvimento de produtos, campanhas de marketing e operações de loja. Esta abordagem baseada em dados ajudou a Starbucks a manter-se à frente das tendências do mercado e a manter a sua posição de líder na indústria do café.

Estudo de caso 4: Gestão de crises da Airbnb com IA

Durante a pandemia da COVID-19, a Airbnb enfrentou inúmeros desafios, incluindo cancelamentos, restrições de viagem e publicidade negativa. Para resolver estes problemas, a Airbnb utilizou a monitorização das redes sociais com recurso a IA para acompanhar as conversas sobre segurança nas viagens, normas de limpeza e alojamentos alternativos. Esta abordagem proactiva permitiu à Airbnb responder rapidamente às preocupações dos clientes, implementar medidas de segurança e reconstruir a confiança entre a sua base de utilizadores.

Estudo de caso 5: A estratégia de proteção da marca da Amazon

Como uma das maiores plataformas de comércio eletrónico do mundo, a Amazon enfrenta ameaças constantes de falsificadores, vendedores não autorizados e críticas falsas. Para combater estes problemas, a Amazon implementou algoritmos de IA para monitorizar as plataformas de redes sociais em busca de actividades fraudulentas relacionadas com a sua marca. Ao identificar e remover produtos contrafeitos, vendedores não autorizados e críticas falsas, a Amazon salvaguardou a sua reputação, manteve a confiança dos clientes e preservou a integridade da sua marca.

Estudo de caso 6: Recomendações personalizadas do Spotify

O Spotify utilizou motores de recomendação baseados em IA para fornecer recomendações de música personalizadas aos seus utilizadores em plataformas de redes sociais. Ao analisar as preferências dos utilizadores, os hábitos de audição e as interacções sociais, os algoritmos de IA do Spotify geraram listas de reprodução e sugestões de música personalizadas, melhorando o envolvimento e a retenção dos utilizadores. Esta abordagem baseada em dados ajudou o Spotify a satisfazer os gostos individuais, a aumentar a satisfação dos utilizadores e a impulsionar o crescimento das subscrições.

Estudo de caso 7: Escuta social da McDonald's para inovação de menus

A McDonald's utilizou ferramentas de escuta social alimentadas por IA para recolher feedback dos clientes relativamente a itens de menu, promoções e experiências gastronómicas. Ao analisar as conversas nas redes sociais, a McDonald's identificou tendências populares, preferências dos clientes e variações regionais nas preferências alimentares. Estes dados valiosos informaram iniciativas de inovação de menus, campanhas promocionais e estratégias de marketing localizadas, impulsionando o envolvimento dos clientes e o crescimento das vendas.

Estudo de caso 8: Gestão da reputação da Tesla com IA

A Tesla utilizou a monitorização das redes sociais com base em IA para gerir a reputação da sua marca e abordar as percepções do público sobre os seus veículos eléctricos e iniciativas de energias renováveis. Ao acompanhar as conversas, a análise de sentimentos e a cobertura dos meios de comunicação social, a Tesla obteve informações sobre o sentimento do público, identificou potenciais problemas e respondeu proactivamente ao feedback e às críticas dos clientes. Esta abordagem proactiva ajudou a Tesla a manter uma imagem de marca positiva, a mitigar a publicidade negativa e a criar confiança junto do seu público.

Dominar a escuta de redes sociais com IA: melhores práticas e dicas

Na era digital atual, a escuta das redes sociais tornou-se uma ferramenta indispensável para as empresas que pretendem compreender o seu público, monitorizar o sentimento da marca e manter-se à frente das tendências do mercado. Com a vasta quantidade de dados gerados nas plataformas de redes sociais a cada segundo, monitorizar e analisar manualmente as conversas pode ser uma tarefa árdua e morosa. É aqui que a inteligência artificial (IA) entra em ação, revolucionando a escuta das redes sociais ao fornecer soluções automatizadas que oferecem conhecimentos mais profundos em tempo real.

Definir objectivos e KPIs claros: Antes de mergulhar na escuta de redes sociais, é essencial definir objectivos claros e KPIs que se alinhem com as suas metas de negócio. Quer se trate de monitorizar as menções à marca, acompanhar as actividades da concorrência ou compreender o sentimento do cliente, ter objectivos específicos orientará a sua estratégia de escuta alimentada por IA e garantirá informações significativas.

Escolher as ferramentas de IA correctas: Existem inúmeras ferramentas de escuta de redes sociais alimentadas por IA disponíveis no mercado, cada uma oferecendo características e capacidades únicas. É crucial escolher a ferramenta certa que se adapte aos seus requisitos e orçamento. Procure plataformas que ofereçam análise avançada de sentimentos, monitorização em tempo real, painéis de controlo personalizáveis e integração com outras ferramentas de marketing para uma partilha e análise de dados sem falhas.

Refinar as suas consultas de pesquisa: Para garantir resultados precisos e evitar a sobrecarga de informações, refine as suas consultas de pesquisa para se concentrar em palavras-chave, hashtags e frases relevantes. As ferramentas de escuta com tecnologia de IA permitem-lhe criar consultas complexas utilizando operadores booleanos, filtros e parâmetros de pesquisa avançados. Experimente diferentes combinações para captar as conversas mais relevantes relacionadas com a sua marca, sector ou público-alvo.

Monitorizar vários canais: As conversas nas redes sociais podem ocorrer em várias plataformas, incluindo Twitter, Facebook, Instagram, LinkedIn, fóruns, blogues e sites de notícias. Certifique-se de que a sua ferramenta de IA suporta a monitorização multicanal para captar informações de diversas fontes. Esta abordagem holística permite-lhe obter uma compreensão abrangente das preferências, comportamentos e interacções do seu público em diferentes plataformas.

Utilizar a análise de sentimentos: A análise de sentimentos é uma caraterística poderosa oferecida pelas ferramentas de escuta de redes sociais orientadas para a IA, permitindo-lhe avaliar o tom emocional das conversas em torno da sua marca ou sector. Ao analisar os dados de texto, os algoritmos de IA podem categorizar as menções como positivas, negativas ou neutras, fornecendo informações valiosas sobre as tendências de sentimento do cliente e potenciais áreas de melhoria.

Identificar influenciadores e defensores: As ferramentas de escuta com IA podem ajudar a identificar influenciadores, líderes de pensamento e defensores da marca no seu sector ou público-alvo. Ao analisar as métricas de envolvimento, os dados demográficos dos seguidores e a relevância do conteúdo, pode identificar indivíduos-chave que têm um impacto significativo nas conversas relacionadas com a sua marca. O envolvimento com influenciadores pode ampliar o alcance e a credibilidade da sua marca.

Envolver-se em conversas em tempo real: A escuta das redes sociais não se limita a monitorizar passivamente as conversas; trata-se também de interagir ativamente com o seu público em tempo real. As ferramentas de IA equipadas com capacidades de monitorização em tempo real permitem-lhe identificar oportunidades para interacções significativas, responder prontamente a pedidos de informação ou reclamações de clientes e participar em discussões relevantes para criar lealdade e confiança na marca.

Acompanhar as actividades da concorrência: Para além de monitorizar as menções à sua própria marca, mantenha-se atento às actividades e conversas nas redes sociais dos seus concorrentes. As ferramentas de escuta alimentadas por IA podem acompanhar as menções dos concorrentes, analisar as suas estratégias de envolvimento e revelar informações valiosas sobre os seus pontos fortes, fracos e posicionamento no mercado. Esta inteligência competitiva pode informar as suas próprias estratégias de marketing e ajudá-lo a manter-se à frente da curva.

Medir e repetir: A escuta das redes sociais é um processo contínuo que requer medição, análise e otimização contínuas. Utilize a análise orientada por IA para acompanhar as principais métricas de desempenho, como o sentimento da marca, a quota de voz, o envolvimento do público e as taxas de conversão. Utilize estas informações para aperfeiçoar as suas estratégias de redes sociais, adaptar o conteúdo às preferências do público e melhorar o desempenho geral ao longo do tempo.

Mantenha-se ético e em conformidade: Embora a IA ofereça capacidades poderosas para ouvir as redes sociais, é essencial dar prioridade às considerações éticas e aos regulamentos de privacidade de dados. Certifique-se de que as suas ferramentas de IA cumprem as normas da indústria para a recolha, armazenamento e utilização de dados. Respeite os direitos de privacidade do utilizador, obtenha o consentimento quando necessário e trate as informações sensíveis de forma responsável para manter a confiança e a credibilidade junto do seu público.

Dominar a escuta das redes sociais com IA requer uma abordagem estratégica, as ferramentas certas e um compromisso com a melhoria contínua. Ao definir objectivos claros, tirar partido de funcionalidades avançadas de IA e manter-se ético e em conformidade, as empresas podem aproveitar todo o potencial dos dados das redes sociais para informar as suas estratégias de marketing, impulsionar o envolvimento e promover ligações significativas com o seu público.

CAPÍTULO 3

Criação de conteúdo personalizado com IA

Introdução

No panorama dinâmico do marketing nas redes sociais, há um princípio que se destaca como fundamental: a personalização. À medida que os consumidores são cada vez mais inundados por conteúdos, mensagens e anúncios, a necessidade de ultrapassar o ruído e de se ligar aos indivíduos a um nível pessoal nunca foi tão crítica. O conteúdo personalizado no marketing nas redes sociais é a pedra angular para criar relações significativas com o público, fomentar a lealdade à marca e impulsionar as taxas de conversão.

Antes de mais, o conteúdo personalizado permite às marcas criar ligações autênticas com os seus públicos-alvo. Numa era digital caracterizada por um bombardeamento constante de anúncios e mensagens promocionais, os consumidores anseiam por autenticidade e relevância. O conteúdo personalizado permite que as marcas adaptem as suas mensagens aos interesses, preferências e comportamentos únicos de cada consumidor. Ao compreenderem os dados demográficos, psicográficos e as interacções passadas do seu público, as marcas podem fornecer conteúdos que parecem feitos à medida de cada indivíduo, promovendo uma sensação de ligação e relacionamento.

Além disso, o conteúdo personalizado promove o envolvimento e a interação nas plataformas de redes sociais. No mundo hiperconectado de hoje, os consumidores esperam que as marcas se envolvam com eles de forma significativa, em vez de os bombardearem com mensagens genéricas. O conteúdo personalizado incentiva os utilizadores a interagir com as marcas, quer através de gostos, comentários, partilhas ou mensagens directas. Ao atenderem aos seus interesses e preferências específicos, as marcas podem desencadear conversas, obter feedback e cultivar um sentido de comunidade entre os seus seguidores. Este maior envolvimento não só aumenta a visibilidade da marca, como também reforça a lealdade e a defesa da marca.

Além disso, o conteúdo personalizado tem um impacto profundo nas taxas de conversão e nas vendas. Ao fornecerem conteúdos que se relacionam com consumidores individuais, as marcas podem guiá-los eficazmente através do percurso do comprador, desde a consciencialização à consideração e à conversão. As recomendações personalizadas, as sugestões de produtos e as ofertas promocionais baseadas no comportamento e nas preferências anteriores dos utilizadores têm mais probabilidades de conduzir à ação e facilitar as compras. Além disso, o conteúdo personalizado ajuda a aliviar o cansaço da decisão, apresentando aos utilizadores opções relevantes que satisfazem as suas necessidades e preferências, simplificando assim o processo de compra e aumentando as taxas de conversão.

Para além dos seus benefícios para o envolvimento e a conversão, o conteúdo personalizado também desempenha um papel crucial na recolha de dados e nas informações sobre o público. Ao analisar as interacções, as preferências e os padrões de comportamento dos utilizadores, as marcas podem obter informações valiosas sobre as preferências, as necessidades e os pontos fracos do seu público-alvo. Esta abordagem baseada em dados permite às marcas aperfeiçoar as suas estratégias de marketing, otimizar o seu conteúdo e adaptar as suas ofertas para melhor satisfazer as necessidades do seu público. Além disso, o feedback e as informações recolhidas a partir de conteúdos personalizados permitem que as marcas iterem e melhorem continuamente os seus esforços de marketing nas redes sociais, garantindo relevância e eficácia ao longo do tempo.

No entanto, é essencial reconhecer os desafios e as considerações associadas ao conteúdo personalizado no marketing de redes sociais. Uma das principais preocupações é a privacidade e a proteção de dados. À medida que as marcas recolhem e analisam grandes quantidades de dados do utilizador para personalizar o conteúdo, têm de dar prioridade à privacidade do utilizador e cumprir regulamentos como o Regulamento Geral de Proteção de Dados (RGPD) e a Lei de Privacidade do Consumidor da Califórnia (CCPA). Uma comunicação transparente sobre as práticas de recolha de dados, medidas de segurança robustas e a obtenção do consentimento explícito dos utilizadores são essenciais para criar confiança e manter padrões éticos.

Além disso, uma personalização eficaz requer tecnologia avançada e capacidades de análise. As marcas devem investir em ferramentas robustas de análise de dados, algoritmos de inteligência artificial e sistemas de gestão da relação com o cliente (CRM) para recolher, analisar e utilizar eficazmente os dados dos clientes para fins de personalização. Além disso, as marcas têm de encontrar o equilíbrio certo entre a automatização e o toque humano, assegurando que o conteúdo personalizado parece autêntico e genuíno e não excessivamente automatizado ou algorítmico.

O conteúdo personalizado é a base de estratégias bem sucedidas de marketing nas redes sociais. Ao adaptar o conteúdo aos interesses, preferências e comportamentos individuais, as marcas podem criar ligações autênticas, impulsionar o envolvimento, aumentar as taxas de conversão e obter informações valiosas sobre o seu público-alvo. No entanto, as marcas têm de ultrapassar considerações éticas, preocupações com a privacidade e desafios tecnológicos para conseguirem uma personalização eficaz. Em última análise, a capacidade de fornecer conteúdo relevante, oportuno e personalizado continuará a ser um fator determinante para o sucesso dos esforços de marketing nas redes sociais.

O papel da IA na criação e curadoria de conteúdos

No panorama dinâmico do marketing digital, a criação e a curadoria de conteúdos são os pilares do envolvimento e da conversão. Com o advento da inteligência artificial (IA), estes processos sofreram uma profunda transformação. As tecnologias de IA revolucionaram a forma como o conteúdo é gerado, curado e entregue, permitindo que os profissionais de marketing atinjam os seus públicos-alvo com maior precisão e eficácia.

IA na criação de conteúdos: A criação de conteúdos é simultaneamente uma arte e uma ciência, exigindo criatividade, perspicácia e relevância. As ferramentas de IA surgiram como auxiliares inestimáveis neste processo, oferecendo capacidades que aumentam a criatividade humana e simplificam a produção.

Uma das principais aplicações da IA na criação de conteúdos é a NLG. Os algoritmos de NLG podem analisar dados e gerar texto semelhante ao humano, permitindo que os profissionais de marketing produzam uma grande quantidade de conteúdo numa fração do tempo que seria necessário manualmente. Quer se trate de escrever descrições de produtos, publicações em blogues ou actualizações de redes sociais, as ferramentas de NLG alimentadas por IA podem adaptar os conteúdos a públicos específicos, impulsionando o envolvimento e as conversões.

Além disso, a IA permite a personalização de conteúdos à escala, tirando partido da análise de dados e dos algoritmos de aprendizagem automática para proporcionar experiências personalizadas aos utilizadores. Ao analisar o comportamento, as preferências e os dados demográficos dos utilizadores, a IA pode gerar dinamicamente conteúdos que se relacionam com os utilizadores individuais, aumentando o envolvimento e a fidelidade.

Outra área em que a IA se destaca na criação de conteúdos é a geração de conteúdos visuais. As ferramentas alimentadas por IA podem gerar imagens, vídeos e gráficos com base em parâmetros predefinidos, permitindo aos profissionais de marketing criar conteúdos visualmente apelativos de forma rápida e eficiente. Desde a criação de gráficos para as redes sociais até à produção de anúncios em vídeo, a IA permite que os profissionais de marketing dêem largas à sua criatividade sem necessitarem de grandes conhecimentos de design.

IA na curadoria de conteúdos: Para além da criação de conteúdos, a IA desempenha um papel crucial na curadoria de conteúdos, o processo de seleção, organização e apresentação de conteúdos de várias fontes para fornecer valor ao público. A curadoria de conteúdos é essencial para manter uma presença online consistente e relevante, especialmente na era da sobrecarga de informação.

As plataformas de curadoria de conteúdos baseadas em IA utilizam algoritmos para analisar grandes quantidades de conteúdos de toda a Web e identificar as peças mais relevantes para um determinado público ou tópico. Estas plataformas podem analisar os conteúdos com base em factores como a relevância, a credibilidade e as métricas de envolvimento, garantindo que apenas os conteúdos de alta qualidade são seleccionados e partilhados com os utilizadores.

Além disso, as plataformas de curadoria de conteúdos alimentadas por IA podem personalizar as recomendações de conteúdos com base nas preferências e no comportamento dos utilizadores. Ao utilizar algoritmos de aprendizagem automática, estas plataformas podem aprender continuamente com as interacções dos utilizadores e aperfeiçoar as recomendações de conteúdos para melhor corresponder aos interesses e necessidades individuais. Esta abordagem personalizada aumenta o envolvimento do utilizador e promove ligações mais profundas com o público.

Benefícios da IA na criação e curadoria de conteúdos

A integração da IA nos processos de criação e curadoria de conteúdos oferece inúmeras vantagens aos profissionais de marketing e às empresas:

Maior eficiência: As ferramentas baseadas em IA automatizam tarefas repetitivas, permitindo que os profissionais de marketing concentrem o seu tempo e energia em actividades mais estratégicas.

Melhoria da qualidade: Os algoritmos de IA podem analisar dados e gerar insights que informam as decisões de criação e curadoria de conteúdo, levando a um conteúdo de maior qualidade que ressoa com o público.

Personalização melhorada: A IA permite que os profissionais de marketing forneçam experiências de conteúdo personalizado adaptadas às preferências individuais, impulsionando o envolvimento e a fidelidade à marca.

Escalabilidade: As ferramentas de criação e curadoria de conteúdos baseadas em IA podem ser dimensionadas para satisfazer as exigências de audiências e volumes de conteúdos crescentes sem sacrificar a qualidade ou a relevância.

Melhores percepções: A análise orientada por IA fornece informações valiosas sobre o comportamento do público, o desempenho do conteúdo e as tendências do mercado, permitindo que os profissionais de marketing optimizem as suas estratégias para obter o máximo impacto.

Implicações futuras:

À medida que as tecnologias de IA continuam a evoluir, o futuro da criação e da curadoria de conteúdos apresenta possibilidades interessantes. Os avanços no processamento de linguagem natural, no reconhecimento de imagens e na análise preditiva irão melhorar ainda mais as capacidades das ferramentas alimentadas por IA, permitindo que os profissionais de marketing criem e façam a curadoria de conteúdos que sejam ainda mais personalizados, envolventes e relevantes.

Além disso, a integração da IA com outras tecnologias emergentes, como a Realidade Aumentada (RA) e a Realidade Virtual (RV), abrirá novos caminhos para experiências de conteúdo imersivas e interactivas. Desde demonstrações interactivas de produtos a experiências de compras virtuais personalizadas, os conteúdos orientados para a IA irão redefinir a forma como as marcas se relacionam com os seus públicos no domínio digital.

A IA surgiu como um fator de mudança na criação e curadoria de conteúdos, permitindo aos profissionais de marketing criar, curar e fornecer conteúdos com uma velocidade, relevância e precisão sem precedentes. Ao tirar partido das ferramentas e plataformas alimentadas por IA, os profissionais de marketing podem aumentar a eficiência, melhorar a qualidade e proporcionar experiências personalizadas que ressoam com os seus públicos-alvo. À medida que as tecnologias de IA continuam a avançar, o futuro do marketing de conteúdos oferece possibilidades ilimitadas, impulsionando a inovação e a transformação no panorama do marketing digital.

Técnicas para tirar partido da IA para gerar conteúdos personalizados

No cenário em constante evolução do marketing digital, a capacidade de criar conteúdo personalizado tornou-se primordial. Com o aumento das tecnologias de inteligência artificial (IA), os profissionais de marketing têm agora ferramentas poderosas à sua disposição para adaptar o conteúdo às preferências e comportamentos individuais.

Recolha e análise de dados: Um dos elementos fundamentais da geração de conteúdo personalizado é a recolha e análise robustas de dados. Os algoritmos orientados para a IA são excelentes no processamento de grandes quantidades de dados de várias fontes, incluindo interacções nas redes sociais, visitas a sites e histórico de compras. Ao analisar estes dados, os profissionais de marketing podem obter informações valiosas sobre as preferências, interesses e comportamentos do seu público-alvo.

Definição do perfil do utilizador: A IA permite que os profissionais de marketing criem perfis de utilizador detalhados com base em informações demográficas, comportamento de navegação e interacções anteriores. Estes perfis servem de base para recomendações de conteúdos personalizados, permitindo que os profissionais de marketing compreendam o seu público a um nível mais profundo. Ao segmentar os utilizadores em grupos distintos com base em atributos ou comportamentos comuns, os profissionais de marketing podem personalizar o conteúdo de forma a corresponder às preferências únicas de cada segmento.

Processamento de linguagem natural (PNL): O Processamento de Linguagem Natural (PLN) é um ramo da IA que se centra na compreensão e interpretação da linguagem humana. Os algoritmos de PNL podem analisar dados de texto de publicações nas redes sociais, comentários de clientes e outras fontes para identificar padrões e sentimentos. Os profissionais de marketing podem tirar partido da PNL para obter informações sobre os sentimentos dos clientes, identificar tópicos de tendência e criar conteúdos que se alinham com as conversas e interesses actuais.

Algoritmos de personalização de conteúdos: Os algoritmos de personalização de conteúdos alimentados por IA utilizam técnicas de aprendizagem automática para recomendar conteúdos relevantes aos utilizadores com base nas suas interacções e preferências passadas. Estes algoritmos analisam o comportamento do utilizador em tempo real, como cliques, gostos e partilhas, para fornecer recomendações de conteúdos personalizados em vários canais. Os profissionais de marketing podem utilizar algoritmos de personalização de conteúdos para ajustar dinamicamente o conteúdo do website, as campanhas de e-mail e as publicações nas redes sociais com base nas preferências individuais dos utilizadores.

Geração de conteúdos dinâmicos: A IA permite que os profissionais de marketing gerem dinamicamente conteúdos adaptados a utilizadores individuais em tempo real. Ao utilizar modelos, informações baseadas em dados e preferências dos utilizadores, os algoritmos de IA podem gerar e-mails personalizados, recomendações de produtos e publicações nas redes sociais em grande escala. A geração de conteúdos dinâmicos permite que os profissionais de marketing forneçam conteúdos altamente relevantes e envolventes a cada utilizador, melhorando a experiência geral do cliente e impulsionando as conversões.

Análise preditiva: Os algoritmos de análise preditiva utilizam dados históricos e modelos de aprendizagem automática para prever resultados e tendências futuras. Os profissionais de marketing podem utilizar a análise preditiva para antecipar o comportamento dos clientes, identificar tendências emergentes e otimizar as estratégias de conteúdo em conformidade. Ao prever qual o conteúdo que terá mais impacto junto do seu público, os profissionais de marketing podem adaptar proactivamente o seu conteúdo para satisfazer as preferências dos consumidores em constante evolução.

Testes A/B e otimização: As ferramentas de teste A/B alimentadas por IA permitem que os profissionais de marketing experimentem diferentes variações de conteúdo e determinem qual tem o melhor desempenho junto do seu público. Estas ferramentas utilizam algoritmos de aprendizagem automática para analisar as métricas de desempenho e identificar os elementos de conteúdo mais eficazes, como títulos, imagens e apelos à ação. Ao testar e otimizar continuamente os conteúdos com base em informações baseadas em IA, os profissionais de marketing podem melhorar o envolvimento e as taxas de conversão ao longo do tempo.

Recomendações personalizadas: Os motores de recomendação orientados por IA analisam os dados do utilizador para sugerir produtos, conteúdos ou experiências relevantes com base nas preferências e comportamentos individuais. Estes motores de recomendação aproveitam a filtragem colaborativa, a filtragem baseada no conteúdo e outras técnicas de aprendizagem automática para fornecer recomendações personalizadas em vários pontos de contacto. Ao fornecer aos utilizadores recomendações personalizadas, os profissionais de marketing podem melhorar o envolvimento do utilizador, aumentar a satisfação do cliente e impulsionar as vendas.

Aproveitar a IA para gerar conteúdo personalizado oferece aos profissionais de marketing um meio poderoso de interagir com o seu público de uma forma mais significativa e impactante. Ao aproveitar as capacidades dos algoritmos orientados para a IA para análise de dados, criação de perfis de utilizadores, processamento de linguagem natural e personalização de conteúdos, os profissionais de marketing podem criar conteúdos altamente direccionados e relevantes que ressoam com utilizadores individuais. Através da experimentação contínua, da otimização e do aproveitamento da análise preditiva, os profissionais de marketing podem manter-se à frente da evolução das preferências dos consumidores e proporcionar experiências personalizadas que geram resultados.

Estudos de casos: Eficácia da criação de conteúdos com base em IA no marketing das redes sociais

Starbucks: Recomendações personalizadas através de IA

A Starbucks implementou um sistema de criação de conteúdos baseado em IA para personalizar as recomendações para os seus clientes nas redes sociais. Ao analisar os dados e as preferências dos clientes, o algoritmo de IA gerou conteúdos adaptados, incluindo sugestões de produtos, promoções e mensagens personalizadas. Esta abordagem resultou num aumento significativo do envolvimento e da lealdade dos clientes, levando a um aumento das vendas e da defesa da marca.

Netflix: Criação de conteúdos dinâmicos para uma melhor experiência do utilizador

A Netflix utilizou tecnologia de IA para criar dinamicamente recomendações de conteúdos para os seus utilizadores com base no seu histórico de visualização, preferências e padrões de comportamento. Através de algoritmos avançados, a Netflix forneceu sugestões de conteúdos personalizados a cada utilizador, levando a sessões de visualização mais longas e a uma maior satisfação dos subscritores. A estratégia de criação de conteúdos orientada para a IA contribuiu para o crescimento contínuo da Netflix e para o seu domínio no sector do streaming.

Spotify: Listas de reprodução seleccionadas e recomendações

O Spotify utilizou algoritmos de IA para criar listas de reprodução e recomendações personalizadas para os seus utilizadores, melhorando a sua experiência de streaming de música. Ao analisar os hábitos de audição, as preferências dos utilizadores e os dados contextuais, o sistema de criação de conteúdos orientado por IA do Spotify gerou listas de reprodução personalizadas adaptadas aos gostos e estados de espírito individuais. Esta abordagem personalizada resultou num maior envolvimento dos utilizadores, em sessões mais longas e num aumento das taxas de retenção para a plataforma.

Coca-Cola: Campanhas de marketing nas redes sociais com recurso a IA

A Coca-Cola implementou ferramentas de criação de conteúdos baseadas em IA para otimizar as suas campanhas de marketing nas redes sociais em várias plataformas. Ao analisar os dados demográficos do público, as métricas de envolvimento e as tendências do mercado, os algoritmos de IA da Coca-Cola geraram conteúdos que ressoaram com o público-alvo, levando a um maior conhecimento da marca, envolvimento e taxas de conversão. As campanhas baseadas em IA permitiram que a Coca-Cola mantivesse a sua posição como uma marca líder no sector das bebidas.

The New York Times: Recomendações personalizadas de notícias

O The New York Times integrou a tecnologia de IA nas suas plataformas digitais para fornecer recomendações de notícias personalizadas aos seus leitores. Através do processamento de linguagem natural e de algoritmos de aprendizagem automática, o The New York Times analisou os interesses, os hábitos de leitura e as preferências dos utilizadores para criar sugestões de conteúdos personalizados. Esta abordagem orientada para a IA resultou num maior envolvimento dos leitores, taxas de subscrição mais elevadas e maior satisfação dos utilizadores.

Amazon: Recomendações de produtos geradas por IA

A Amazon aproveitou a criação de conteúdo orientado por IA para fornecer recomendações de produtos personalizadas aos seus clientes na sua plataforma de comércio eletrónico. Ao analisar o histórico de compras, o comportamento de navegação e os dados contextuais, os algoritmos de IA da Amazon geraram sugestões de produtos direccionados e adaptados às preferências e necessidades de cada cliente. Este sistema de recomendação personalizada contribuiu para taxas de conversão mais elevadas, aumento das vendas e maior satisfação do cliente para a Amazon.

Adobe: Ferramentas de criação de conteúdos com IA para profissionais de marketing

A Adobe desenvolveu ferramentas de criação de conteúdos com base em IA para ajudar os profissionais de marketing a criar conteúdos envolventes e visualmente apelativos para plataformas de redes sociais. Através de algoritmos de aprendizagem automática e tecnologia de reconhecimento de imagens, as ferramentas de IA da Adobe permitiram aos profissionais de marketing automatizar o processo de criação de conteúdos, gerar imagens personalizadas e otimizar conteúdos para diferentes plataformas e públicos. Essa abordagem orientada por IA capacitou os profissionais de marketing a criar conteúdo de alta qualidade com eficiência, resultando em maior envolvimento e visibilidade da marca.

Airbnb: Conteúdo gerado pelo utilizador com recurso a IA

A Airbnb utilizou tecnologia de IA para melhorar o conteúdo gerado pelo utilizador na sua plataforma, melhorando a capacidade de descoberta e a relevância dos anúncios para os viajantes. Ao analisar as fotografias, descrições e comentários dos imóveis, os algoritmos de IA da Airbnb geraram automaticamente etiquetas, legendas e recomendações para otimizar a visibilidade dos anúncios e atrair potenciais hóspedes. Esta estratégia de melhoria de conteúdo orientada por IA levou a um aumento dos pedidos de reserva, a taxas de ocupação mais elevadas e a uma maior satisfação dos utilizadores para os anfitriões da Airbnb.

Estes estudos de caso demonstram a eficácia da criação de conteúdos orientados por IA no marketing das redes sociais, mostrando como as empresas de vários sectores aproveitaram a tecnologia de IA para personalizar conteúdos, melhorar as experiências dos utilizadores e obter resultados significativos. Ao adotar ferramentas e estratégias de criação de conteúdos com base em IA, as empresas podem manter-se competitivas no cenário digital em constante evolução e ligar-se aos seus públicos de formas mais significativas e impactantes.

CAPÍTULO 4

Publicidade nas redes sociais com recurso a IA

Introdução

Na era digital atual, as redes sociais tornaram-se parte integrante da nossa vida quotidiana, revolucionando a forma como comunicamos, nos relacionamos e consumimos informação. Com o advento das plataformas de redes sociais como o Facebook, Instagram, Twitter, LinkedIn e outras, as empresas encontraram novas formas de alcançar e interagir com os seus públicos-alvo. A publicidade nas redes sociais surgiu como uma ferramenta poderosa para as empresas de todas as dimensões promoverem os seus produtos e serviços, criarem consciência da marca, gerarem tráfego e aumentarem as vendas.

A ascensão da publicidade nas redes sociais: O aumento da publicidade nas redes sociais pode ser atribuído à enorme base de utilizadores e aos níveis de envolvimento nas plataformas populares. Com milhares de milhões de utilizadores activos em todo o mundo, plataformas como o Facebook e o Instagram oferecem aos anunciantes um alcance e uma capacidade de segmentação sem paralelo. Além disso, a natureza interactiva das redes sociais permite às marcas interagir com o seu público em tempo real, promovendo ligações e conversas significativas.

Principais componentes da publicidade nas redes sociais: A publicidade nas redes sociais engloba vários componentes, incluindo formatos de anúncios, opções de segmentação, estratégias de licitação e análises. Os formatos de anúncio vão desde os tradicionais anúncios gráficos e publicações patrocinadas a experiências imersivas como histórias, carrosséis e vídeo em direto. Estes formatos proporcionam aos anunciantes flexibilidade e criatividade para criarem campanhas atraentes que se identifiquem com o seu público.

As opções de segmentação desempenham um papel crucial na publicidade nas redes sociais, permitindo aos anunciantes definir o seu público com base em dados demográficos, interesses, comportamentos e muito mais. As capacidades avançadas de segmentação permitem uma segmentação de precisão, garantindo que os anúncios são apresentados aos segmentos de público-alvo mais relevantes, maximizando assim a eficácia da campanha e o ROI.

As estratégias de licitação determinam a forma como os anunciantes pagam pelos seus anúncios, com opções como Custo por clique (CPC), Custo por impressão (CPM) e Custo por ação (CPA). Ao escolher a estratégia de licitação correcta, os anunciantes podem otimizar os seus gastos com anúncios e atingir os objectivos da campanha de forma mais eficiente.

A análise e os relatórios fornecem informações valiosas sobre o desempenho dos anúncios, permitindo que os anunciantes acompanhem as principais métricas, como impressões, cliques, conversões e retorno do investimento em publicidade (ROAS). Ao analisar estas métricas, os anunciantes podem medir o sucesso das suas campanhas, identificar áreas a melhorar e tomar decisões baseadas em dados para otimizar campanhas futuras.

Estratégias eficazes para a publicidade nas redes sociais

Uma publicidade eficaz nas redes sociais requer uma abordagem estratégica adaptada aos objectivos únicos e ao público-alvo de cada campanha. Algumas estratégias comuns incluem:

Segmentação do público: Divida o público-alvo em segmentos distintos com base em dados demográficos, interesses e comportamentos para fornecer mensagens e ofertas personalizadas.

Estratégia de conteúdo: Criar conteúdo atraente e relevante que ressoe com o público e se alinhe com os valores e objectivos da marca.

Otimização de anúncios criativos: Testar diferentes criativos de anúncios, mensagens e visuais para identificar o que melhor se adapta ao público e gera taxas de envolvimento e conversão mais elevadas.

Testes A/B: Experimente diferentes formatos de anúncio, opções de segmentação e estratégias de licitação para determinar a combinação mais eficaz para atingir os objectivos da campanha.

Retargeting: Chegar aos utilizadores que interagiram anteriormente com a marca ou visitaram o sítio Web, incentivando-os a tomar novas medidas e a descer no funil de conversão.

Tendências emergentes na publicidade nas redes sociais

O panorama da publicidade nas redes sociais está em constante evolução, impulsionado pelos avanços tecnológicos, pela mudança de comportamento dos consumidores e pelas inovações das plataformas. Algumas tendências emergentes que estão a moldar o sector incluem:

Publicidade em vídeo: A popularidade dos conteúdos de vídeo continua a aumentar, com plataformas como o TikTok e o YouTube a oferecerem novas oportunidades para a publicidade em vídeo. Os vídeos de formato curto, a transmissão em direto e os formatos interactivos estão a tornar-se cada vez mais populares entre os anunciantes.

Marketing de influência: A colaboração com influenciadores e criadores de conteúdos tornou-se uma estratégia popular para as marcas alcançarem e se envolverem com o seu público-alvo de forma autêntica. O marketing de influenciadores permite que as marcas aproveitem a credibilidade e a influência das personalidades das redes sociais para apoiar os seus produtos e serviços.

IA e automatização: A inteligência artificial e a aprendizagem automática estão a ser cada vez mais utilizadas para automatizar a segmentação, otimização e personalização de anúncios. As ferramentas baseadas em IA podem analisar grandes quantidades de dados, prever o comportamento do consumidor e otimizar as campanhas publicitárias em tempo real, aumentando a eficiência e a eficácia.

Comércio social: A integração de funcionalidades de comércio eletrónico diretamente nas plataformas de redes sociais está a esbater as fronteiras entre as redes sociais e as compras online. Plataformas como o Instagram Shopping e o Facebook Marketplace permitem que os utilizadores descubram, naveguem e comprem produtos sem sair da aplicação, criando novas oportunidades para as empresas aumentarem as vendas e as receitas.

A publicidade nas redes sociais oferece às empresas uma plataforma poderosa para alcançar e interagir eficazmente com o seu público-alvo. Ao utilizar as estratégias, os formatos de anúncio e as opções de segmentação correctos, os anunciantes podem criar campanhas com impacto que geram resultados e atingem os seus objectivos de marketing. Com a evolução contínua da tecnologia e do comportamento dos consumidores, manter-se atualizado sobre as últimas tendências e inovações na publicidade nas redes sociais é essencial para o sucesso no panorama competitivo atual.

Melhorar a segmentação e a otimização de anúncios com inteligência artificial

No cenário em constante evolução do marketing digital, a capacidade de segmentar com precisão os públicos-alvo e otimizar as campanhas publicitárias é crucial para o sucesso. A IA surgiu como um fator de mudança a este respeito, revolucionando a forma como os profissionais de marketing identificam, alcançam e se envolvem com os seus alvos demográficos. Ao aproveitar o poder dos algoritmos e da análise de dados orientados para a IA, as empresas podem atingir níveis sem precedentes de precisão, eficiência e eficácia nos seus esforços de marketing.

Compreender a segmentação e a otimização de anúncios: A segmentação refere-se ao processo de identificação de segmentos específicos do público-alvo com maior probabilidade de se interessarem por um produto ou serviço. Tradicionalmente, os profissionais de marketing baseavam-se em dados demográficos abrangentes, como a idade, o sexo e a localização, para definir o seu público-alvo. No entanto, esta abordagem carecia frequentemente de granularidade e não conseguia captar as nuances do comportamento do consumidor.

A otimização de anúncios, por outro lado, envolve o aperfeiçoamento das campanhas publicitárias para maximizar o seu impacto e o retorno do investimento (ROI). Isto inclui a otimização dos anúncios criativos, do posicionamento, do tempo e da atribuição do orçamento para garantir que cada anúncio chega ao público certo com a mensagem certa no momento certo.

O papel da IA na segmentação: A IA permite que os profissionais de marketing vão além da segmentação demográfica básica e aproveitem a análise avançada de dados para identificar segmentos de público mais matizados. Ao analisar grandes quantidades de dados de várias fontes, incluindo redes sociais, comportamento de navegação, histórico de compras e dados demográficos, os algoritmos de IA podem descobrir padrões e correlações ocultos que os profissionais de marketing humanos podem ignorar.

Uma das principais vantagens da segmentação baseada em IA é a sua capacidade de segmentar públicos com base nos seus interesses, preferências e comportamentos. Ao identificar características e comportamentos comuns entre os diferentes segmentos, os profissionais de marketing podem adaptar as suas mensagens e conteúdos para que ressoem em cada grupo, aumentando assim a relevância e a eficácia dos seus anúncios.

Além disso, a IA permite a segmentação e a personalização em tempo real, permitindo aos profissionais de marketing apresentar anúncios altamente direccionados a indivíduos com base nas suas interacções e comportamentos recentes. Esta abordagem dinâmica garante que os anúncios são sempre relevantes e oportunos, conduzindo a taxas de envolvimento e conversão mais elevadas.

Melhorar a otimização dos anúncios com IA: Para além de melhorar a segmentação, a IA desempenha um papel crucial na otimização das campanhas publicitárias para uma eficácia máxima. Os algoritmos baseados em IA analisam grandes quantidades de dados para identificar padrões e tendências, permitindo que os profissionais de marketing tomem decisões baseadas em dados sobre criativos de anúncios, mensagens, posicionamento e alocação de orçamento.

Uma das principais capacidades da IA na otimização de anúncios é a análise preditiva, que permite aos profissionais de marketing prever o desempenho de diferentes variações e estratégias de anúncios antes de os lançar. Ao simular vários cenários e resultados, os profissionais de marketing podem identificar a abordagem mais eficaz e afetar os seus recursos em conformidade, minimizando assim o risco e maximizando o ROI.

Além disso, a IA permite a otimização em tempo real das campanhas publicitárias, permitindo aos profissionais de marketing monitorizar continuamente as métricas de desempenho e ajustar as suas estratégias em tempo real. Ao analisar os dados em tempo real, os algoritmos de IA podem identificar anúncios ou segmentos de público com fraco desempenho e efetuar ajustes automáticos para melhorar a sua eficácia.

Formatos de anúncios e personalização com base em IA: A IA também está a impulsionar a inovação nos formatos de anúncios e na personalização, permitindo que os profissionais de marketing forneçam anúncios mais envolventes e interactivos que ressoam com o seu público-alvo. Por exemplo, os anúncios dinâmicos alimentados por IA podem adaptar automaticamente o seu conteúdo e mensagens com base nas preferências, comportamento e contexto do utilizador, resultando numa experiência mais personalizada e envolvente.

Além disso, a IA permite a hiperpersonalização à escala, permitindo aos profissionais de marketing criar anúncios altamente personalizados para utilizadores individuais com base nas suas preferências, interesses e interacções anteriores. Ao tirar partido dos algoritmos orientados para a IA, os profissionais de marketing podem fornecer recomendações, ofertas e conteúdos personalizados que são adaptados às necessidades e preferências de cada utilizador, aumentando assim o envolvimento e as taxas de conversão.

Superar os desafios e as considerações éticas: Embora a IA ofereça um enorme potencial para melhorar a segmentação e a otimização de anúncios, também apresenta desafios e considerações éticas que os profissionais de marketing devem abordar. Uma das principais preocupações é a privacidade e a segurança dos dados, uma vez que a IA se baseia em grandes quantidades de dados dos utilizadores para alimentar os seus algoritmos. Os profissionais de marketing devem garantir a conformidade com os regulamentos de proteção de dados e implementar medidas de segurança robustas para salvaguardar a privacidade dos utilizadores.

Além disso, existe o risco de enviesamento algorítmico, em que os algoritmos de IA podem inadvertidamente perpetuar ou amplificar os enviesamentos existentes nos dados. Os profissionais de marketing devem monitorizar e avaliar cuidadosamente os seus sistemas de IA para garantir equidade, transparência e responsabilidade nas suas práticas de segmentação e otimização de anúncios.

A IA está a transformar o panorama do marketing digital, melhorando a segmentação e a otimização de anúncios de formas anteriormente inimagináveis. Ao tirar partido do poder dos algoritmos e da análise de dados orientados para a IA, os profissionais de marketing podem identificar, alcançar e interagir com o seu público-alvo de forma mais eficaz do que nunca. No entanto, é essencial que os profissionais de marketing abordem os desafios e as considerações éticas associadas à IA para garantir uma utilização responsável e ética destas tecnologias poderosas.

Plataformas e ferramentas para publicidade nas redes sociais baseada em IA

Na atual era digital, a publicidade nas redes sociais tornou-se uma pedra angular das estratégias de marketing para empresas de todas as dimensões. Com a vasta quantidade de dados gerados nas plataformas sociais, os anunciantes estão a recorrer cada vez mais à IA para melhorar os seus esforços de publicidade. As ferramentas e plataformas orientadas para a IA oferecem capacidades avançadas de segmentação, criação de conteúdos personalizados e otimização de campanhas, revolucionando a forma como as empresas se ligam aos seus públicos.

Gestor de anúncios do Facebook: O Facebook Ads Manager é uma das plataformas mais utilizadas para publicidade nas redes sociais, oferecendo funcionalidades robustas baseadas em IA para ajudar os anunciantes a maximizar o desempenho das suas campanhas. Com opções de segmentação avançadas baseadas na demografia, nos interesses e no comportamento dos utilizadores, os anunciantes podem alcançar públicos altamente relevantes. Os algoritmos de IA do Facebook também optimizam a entrega de anúncios para garantir o máximo de envolvimento e conversões. Além disso, a plataforma fornece ferramentas para testes A/B, otimização de anúncios criativos e análise de desempenho, permitindo aos anunciantes aperfeiçoar as suas estratégias para obterem melhores resultados.

Google Ads: O Google Ads utiliza a tecnologia de IA para fornecer publicidade direccionada na sua extensa rede de Web sites, resultados de pesquisa e plataformas de parceiros. Com funcionalidades como a Licitação inteligente, os anunciantes podem automatizar estratégias de licitação para maximizar o retorno do investimento (ROI) e, ao mesmo tempo, cumprir os seus objectivos de publicidade. Os algoritmos de IA da Google analisam a intenção e o comportamento do utilizador para apresentar anúncios no momento certo e nas plataformas mais relevantes, aumentando a probabilidade de conversões. Além disso, o Google Ads oferece opções de personalização de anúncios com base nos dados do utilizador, permitindo aos anunciantes criar experiências personalizadas para o seu público-alvo.

LinkedIn Advertising: O LinkedIn Advertising fornece opções de segmentação orientadas por IA, adaptadas ao público profissional na sua plataforma. Os anunciantes podem segmentar os utilizadores com base no cargo, na indústria, na dimensão da empresa e noutros atributos profissionais, garantindo que os seus anúncios chegam aos decisores certos. Os algoritmos de IA do LinkedIn analisam o envolvimento e as interacções dos utilizadores para otimizar a entrega e o desempenho dos anúncios. Além disso, a plataforma oferece ferramentas para recomendação de conteúdo e otimização de anúncios, ajudando os anunciantes a maximizar o impacto das suas campanhas.

Twitter Ads: O Twitter Ads oferece soluções de publicidade orientadas por IA, concebidas para aumentar a notoriedade da marca e impulsionar o envolvimento na plataforma. Com opções avançadas de segmentação baseadas em interesses do usuário, palavras-chave e dados demográficos, os anunciantes podem alcançar públicos relevantes em tempo real. Os algoritmos de IA do Twitter analisam o comportamento e as tendências dos utilizadores para apresentar anúncios nos momentos mais oportunos, aumentando a probabilidade de envolvimento. Além disso, a plataforma fornece ferramentas para a otimização do criativo dos anúncios, a segmentação das audiências e o acompanhamento do desempenho, permitindo aos anunciantes aperfeiçoar as suas estratégias para obterem melhores resultados.

Instagram Ads: O Instagram Ads tira partido do poder da IA para proporcionar experiências publicitárias visualmente atraentes à sua vasta base de utilizadores. Com opções de segmentação avançadas baseadas nos dados demográficos, nos interesses e no comportamento dos utilizadores, os anunciantes podem alcançar públicos altamente envolvidos na plataforma. Os algoritmos de IA do Instagram analisam as interacções e preferências dos utilizadores para otimizar a entrega e o desempenho dos anúncios. Além disso, a plataforma oferece ferramentas para melhorar a criatividade dos anúncios, a segmentação do público e a medição do desempenho, permitindo que os anunciantes criem campanhas impactantes.

As plataformas e ferramentas orientadas para a IA transformaram o panorama da publicidade nas redes sociais, permitindo aos anunciantes alcançar públicos altamente direccionados, personalizar conteúdos e otimizar o desempenho das campanhas. Ao tirar partido das capacidades avançadas da tecnologia de IA, as empresas podem aumentar a eficácia da sua publicidade e obter melhores resultados no competitivo mercado digital atual. À medida que o campo da IA continua a evoluir, podemos esperar mais inovações na publicidade nas redes sociais, proporcionando aos anunciantes ferramentas ainda mais poderosas para se ligarem aos seus públicos.

Histórias de sucesso

Netflix: A Netflix, o gigante do streaming, é conhecida pelas suas recomendações personalizadas, alimentadas por algoritmos de IA. Ao analisar o comportamento e as preferências dos utilizadores, a Netflix fornece sugestões de conteúdos personalizados aos seus subscritores através dos seus canais de redes sociais. Esta abordagem não só aumenta o envolvimento dos utilizadores, como também promove a retenção e a fidelização dos clientes.

Starbucks: A Starbucks utiliza chatbots alimentados por IA em plataformas de redes sociais como o Facebook e o Twitter para fornecer apoio e recomendações personalizadas aos clientes. Estes chatbots utilizam algoritmos de PNL para compreender e responder aos pedidos de informação dos clientes, melhorando assim a experiência geral do cliente e impulsionando as vendas.

Nike: A Nike utiliza tecnologia de reconhecimento de imagem baseada em IA para identificar conteúdos gerados pelos utilizadores que apresentam os seus produtos nas redes sociais. Ao monitorizar e fazer a curadoria dos conteúdos gerados pelos utilizadores, a Nike pode ampliar a defesa da marca, promover o envolvimento da comunidade e obter informações valiosas sobre as preferências e tendências dos consumidores.

Sephora: A Sephora, um retalhista global de produtos de beleza, utiliza a tecnologia de AR alimentada por IA em plataformas de redes sociais como o Instagram e o Snapchat para permitir que os utilizadores experimentem virtualmente produtos de maquilhagem. Esta experiência imersiva e interactiva não só promove o envolvimento, como também permite que os clientes tomem decisões de compra mais informadas, o que acaba por aumentar as vendas.

Airbnb: a Airbnb utiliza algoritmos de IA para otimizar as suas campanhas publicitárias nas redes sociais, direccionando-as para o público certo com conteúdo personalizado. Através de insights orientados por dados e análises preditivas, a Airbnb pode identificar e alcançar potenciais clientes de forma mais eficaz, resultando em taxas de conversão e ROI mais elevados.

Domino's Pizza: A Domino's Pizza utiliza chatbots alimentados por IA em plataformas de redes sociais como o Twitter e o Facebook para facilitar as encomendas online e o apoio ao cliente. Estes chatbots simplificam o processo de encomenda, fornecem actualizações de encomendas em tempo real e respondem às questões dos clientes, aumentando a conveniência e a satisfação dos clientes da Domino's.

Coca-Cola: A Coca-Cola utiliza ferramentas de análise de sentimentos baseadas em IA para monitorizar as conversas nas redes sociais e avaliar a opinião pública sobre a sua marca e os seus produtos. Ao analisar grandes quantidades de dados das redes sociais em tempo real, a Coca-Cola pode identificar tendências emergentes, responder às preocupações dos clientes e adaptar as suas estratégias de marketing em conformidade para manter a relevância e a ressonância da marca.

L'Oréal: A L'Oréal emprega conselheiros de beleza virtuais alimentados por IA em plataformas de redes sociais para oferecer recomendações personalizadas de cuidados com a pele e maquilhagem aos consumidores. Ao utilizar algoritmos de aprendizagem automática e tecnologia de reconhecimento de imagem, a L'Oréal pode fornecer soluções de beleza personalizadas que satisfazem as necessidades e preferências únicas de cada cliente, impulsionando as vendas e a fidelidade à marca.

Estas histórias de sucesso exemplificam como as marcas de vários sectores estão a aproveitar o poder da IA para revolucionar as suas campanhas publicitárias nas redes sociais. Ao adoptarem as tecnologias de IA, estas marcas conseguiram melhorar o envolvimento dos clientes, impulsionar as vendas e manter-se à frente da concorrência na era digital atual. À medida que a IA continua a evoluir, as possibilidades de inovação no marketing das redes sociais são infinitas, oferecendo às marcas oportunidades sem precedentes para se ligarem aos seus públicos de formas mais significativas e impactantes.

CAPÍTULO 5

Aproveitar a IA para a análise e as informações das redes sociais

Introdução

No cenário em constante evolução do marketing digital, as redes sociais surgiram como uma ferramenta poderosa para as empresas se relacionarem com os seus públicos-alvo. No entanto, para aproveitar eficazmente as plataformas de redes sociais para fins de marketing, as empresas devem não só criar conteúdos atraentes, mas também utilizar a análise de dados para obter informações sobre o comportamento e as preferências do público.

A análise de dados desempenha um papel fundamental na compreensão das complexidades das plataformas de redes sociais e dos seus utilizadores. Ao analisar grandes quantidades de dados gerados através das interacções dos utilizadores, as empresas podem obter informações valiosas sobre as preferências, os comportamentos e as tendências dos consumidores. Estas informações permitem que os profissionais de marketing adaptem o seu conteúdo e as suas estratégias para melhor se relacionarem com o seu público-alvo, acabando por impulsionar o envolvimento e as conversões.

Uma das principais vantagens da análise de dados no marketing das redes sociais é a sua capacidade de fornecer informações accionáveis sobre os dados demográficos e os interesses do público. Ao analisar os dados demográficos, como a idade, o sexo, a localização e os interesses, os profissionais de marketing podem compreender melhor o seu público-alvo e adaptar o seu conteúdo e mensagens para que tenham impacto em segmentos demográficos específicos. Por exemplo, um retalhista de moda pode utilizar a análise de dados para identificar os grupos demográficos mais interessados nos seus produtos e adaptar o conteúdo das redes sociais e as campanhas publicitárias em conformidade.

Além disso, a análise de dados permite aos profissionais de marketing acompanhar e medir a eficácia das suas campanhas nas redes sociais em tempo real. Ao monitorizar os indicadores-chave de desempenho (KPI), como as taxas de envolvimento, as taxas de cliques e as taxas de conversão, os profissionais de marketing podem avaliar o impacto das suas campanhas e fazer os ajustes necessários para otimizar o desempenho. Por exemplo, se uma determinada campanha publicitária não estiver a ter o desempenho esperado, os profissionais de marketing podem utilizar a análise de dados para identificar os problemas subjacentes e efetuar alterações para melhorar os resultados.

Para além de fornecer informações sobre a demografia das audiências e o desempenho das campanhas, a análise de dados também pode ajudar os profissionais de marketing a identificar tendências e oportunidades emergentes no panorama das redes sociais. Ao analisar os dados das plataformas de redes sociais e de outras fontes, os profissionais de marketing podem descobrir tendências relacionadas com as preferências dos consumidores, os desenvolvimentos da indústria e as actividades dos concorrentes. Isto permite que as empresas se mantenham à frente da curva e capitalizem as novas oportunidades à medida que estas surgem.

Além disso, a análise de dados desempenha um papel crucial na medição do retorno do investimento (ROI) dos esforços de marketing nas redes sociais. Ao acompanhar o desempenho das campanhas e correlacioná-lo com os resultados comerciais, como as vendas e as receitas, os profissionais de marketing podem determinar a eficácia dos seus esforços de marketing nas redes sociais e afetar os recursos em conformidade. Esta abordagem à tomada de decisões baseada em dados permite que as empresas optimizem os seus orçamentos de marketing e maximizem o impacto dos seus investimentos nas redes sociais.

Além disso, a análise de dados pode ajudar as empresas a identificar e a capitalizar oportunidades de crescimento e expansão. Ao analisar os dados sobre as preferências, os comportamentos e os padrões de compra dos clientes, as empresas podem identificar segmentos de mercado inexplorados e desenvolver estratégias de marketing direccionadas para os atingir. Além disso, a análise de dados pode ajudar as empresas a identificar áreas de melhoria nos seus produtos ou serviços com base no feedback dos clientes e na análise de sentimentos.

A análise de dados desempenha um papel fundamental no marketing das redes sociais, permitindo às empresas obter informações valiosas sobre o comportamento do público, otimizar o desempenho da campanha e orientar a tomada de decisões estratégicas. Ao tirar partido da análise de dados de forma eficaz, as empresas podem compreender melhor o seu público-alvo, adaptar as suas estratégias de marketing para que estas se repercutam no mesmo e, por fim, atingir os seus objectivos de marketing. À medida que as redes sociais continuam a evoluir, a importância da análise de dados para o sucesso do marketing nas redes sociais só vai continuar a crescer.

Melhorar a análise das redes sociais e a geração de informações com a inteligência artificial

Na era digital atual, as plataformas de redes sociais tornaram-se ferramentas indispensáveis para as empresas se ligarem ao seu público, criarem consciência da marca e impulsionarem as vendas. No entanto, o grande volume de dados gerados nestas plataformas pode ser avassalador para os profissionais de marketing analisarem eficazmente. É aqui que a

IA entra em ação, revolucionando a análise das redes sociais e a geração de informações.

As ferramentas analíticas baseadas em IA estão a transformar a forma como as empresas extraem informações valiosas dos dados das redes sociais. Ao utilizar algoritmos avançados e técnicas de aprendizagem automática, os sistemas de IA podem processar grandes quantidades de dados em tempo real, descobrindo padrões, tendências e informações accionáveis que seriam quase impossíveis de discernir manualmente pelos humanos.

Uma das principais formas de a IA melhorar a análise das redes sociais é através da análise de sentimentos. As técnicas tradicionais de análise de sentimentos baseiam-se frequentemente em regras predefinidas ou em listas de palavras-chave para classificar as mensagens das redes sociais como positivas, negativas ou neutras. No entanto, a análise de sentimentos com recurso à IA vai além da simples correspondência de palavras-chave, utilizando algoritmos de PNL para compreender o contexto e as nuances da linguagem.

Estes algoritmos de IA podem determinar com precisão o sentimento subjacente às publicações nas redes sociais, tendo em conta factores como o sarcasmo, o calão e as referências culturais. Esta compreensão mais profunda permite às empresas obter uma visão mais abrangente da forma como o seu público se sente em relação à sua marca, produtos ou serviços, permitindo-lhes adaptar as suas estratégias de marketing em conformidade.

Além disso, a IA permite uma segmentação e direcionamento mais sofisticados do público em plataformas de redes sociais. Ao analisar o comportamento, as preferências e as interacções dos utilizadores, os algoritmos de IA podem identificar com precisão segmentos de público distintos. Isto permite que os profissionais de marketing forneçam conteúdo e anúncios personalizados a segmentos de público específicos, aumentando o envolvimento e as taxas de conversão.

A análise preditiva com base em IA é outra área em que a IA se destaca no marketing das redes sociais. Ao analisar dados históricos e identificar padrões, os algoritmos de IA podem prever tendências e resultados futuros com um elevado grau de precisão. Isto permite às empresas antecipar as necessidades e preferências dos clientes, permitindo-lhes manter-se à frente da concorrência e capitalizar as oportunidades emergentes.

Além disso, as ferramentas de análise alimentadas por IA podem fornecer informações em tempo real sobre as métricas de desempenho das redes sociais, como o envolvimento, o alcance e as taxas de conversão. Ao monitorizar e analisar continuamente os fluxos de dados, os sistemas de IA podem identificar tendências e anomalias à medida que estas ocorrem, permitindo que os profissionais de marketing façam ajustes atempados às suas estratégias.

Outra vantagem significativa da IA na análise das redes sociais é a sua capacidade de analisar conteúdos multimédia, como imagens e vídeos. As ferramentas de análise tradicionais têm dificuldade em extrair informações significativas de dados não textuais, mas as tecnologias de reconhecimento de imagem e vídeo com IA podem marcar, categorizar e analisar automaticamente o conteúdo visual em escala. Isto permite às empresas obter informações valiosas sobre as preferências dos consumidores, as menções à marca e a utilização de produtos a partir de conteúdos visuais das redes sociais.

Para além de melhorar a análise e a geração de informações, a IA também melhora as capacidades de escuta das redes sociais. Ao monitorizar as conversas nas redes sociais em tempo real, as ferramentas de escuta alimentadas por IA podem identificar tendências emergentes, detetar potenciais crises e descobrir feedback valioso dos clientes. Esta abordagem proactiva permite às empresas responder prontamente às preocupações dos clientes e capitalizar as oportunidades à medida que estas surgem.

No entanto, embora a IA ofereça inúmeros benefícios para a análise dos meios de comunicação social, é essencial abordar os potenciais desafios e limitações. Uma preocupação é a precisão e a fiabilidade dos algoritmos de IA, que podem ser influenciados por enviesamentos nos dados de formação ou por erros algorítmicos. Para mitigar estes riscos, as empresas devem avaliar e aperfeiçoar regularmente os seus modelos de IA para garantir que produzem resultados exactos e imparciais.

Além disso, a privacidade e a segurança dos dados são considerações críticas aquando da implementação de ferramentas analíticas baseadas em IA. Com o crescente escrutínio sobre os regulamentos de privacidade de dados, as empresas devem dar prioridade à recolha e utilização éticas dos dados das redes sociais para manter a confiança dos consumidores e a conformidade com os requisitos regulamentares.

A IA está a revolucionar a análise das redes sociais e a geração de insights, permitindo às empresas extrair insights valiosos de grandes quantidades de dados com rapidez e precisão. Ao tirar partido das ferramentas e técnicas baseadas em IA, os profissionais de marketing podem obter informações mais profundas sobre o comportamento do público, otimizar as suas campanhas e manter-se à frente da concorrência no atual cenário digital acelerado. No entanto, é essencial abordar a implementação da IA de forma ponderada, abordando considerações éticas, de privacidade e de segurança para maximizar os seus benefícios e minimizar os potenciais riscos.

Ferramentas e técnicas para análise de redes sociais com base em IA

Na era digital atual, as redes sociais tornaram-se uma pedra angular das estratégias de marketing para empresas de vários sectores. Com milhares de milhões de utilizadores activos em plataformas como o Facebook, o Twitter, o Instagram e o LinkedIn, existe uma grande quantidade de dados disponíveis para análise. No entanto, o grande volume e a complexidade destes dados representam um desafio significativo para os profissionais de marketing que procuram obter informações accionáveis.

Uma das principais vantagens da análise de redes sociais orientada para a IA é a sua capacidade de processar e analisar dados não estruturados, como texto, imagens e vídeos, em escala. As ferramentas de análise tradicionais têm muitas vezes dificuldade em extrair informações significativas de dados não estruturados, mas os algoritmos de IA são excelentes nesta área. Ao utilizar a PNL, a visão por computador e outras técnicas de IA, os profissionais de marketing podem obter informações mais aprofundadas sobre o sentimento, as preferências e o comportamento dos clientes.

Uma ferramenta popular para a análise dos meios de comunicação social orientada para a IA é a análise de sentimentos. A análise de sentimentos utiliza algoritmos de PNL para analisar as mensagens das redes sociais e determinar se o sentimento expresso é positivo, negativo ou neutro. Esta informação pode ajudar os profissionais de marketing a compreender como a sua marca é percepcionada pelos clientes e a identificar potenciais áreas de melhoria. Ferramentas como o Brandwatch, o Sprout Social e o Hootsuite oferecem funcionalidades de análise de sentimentos que permitem aos profissionais de marketing acompanhar as tendências de sentimentos ao longo do tempo e comparar o sentimento da sua marca com o dos concorrentes.

Outra técnica valiosa na análise de redes sociais orientada para a IA é o reconhecimento de imagens. Com a proliferação de conteúdos visuais nas plataformas de redes sociais, a capacidade de analisar imagens e vídeos é crucial para compreender o comportamento dos clientes. Os algoritmos de reconhecimento de imagem podem identificar objectos, logótipos e até rostos nas imagens, fornecendo aos profissionais de marketing informações valiosas sobre as preferências e tendências dos consumidores. Plataformas como a Clarifai e a Google Cloud Vision oferecem capacidades de reconhecimento de imagem que podem ser integradas em ferramentas de análise de redes sociais para melhorar a análise de dados.

Para além da análise de sentimentos e do reconhecimento de imagens, a análise dos meios de comunicação social orientada para a IA também inclui a análise preditiva. A análise preditiva utiliza algoritmos de IA para prever tendências e resultados futuros com base em dados históricos. Por exemplo, os profissionais de marketing podem utilizar a análise preditiva para antecipar o comportamento do cliente, identificar potenciais influenciadores e otimizar estratégias de conteúdo. Ferramentas como o Talkwalker e o Sysomos oferecem funcionalidades de análise preditiva que permitem aos profissionais de marketing tomar decisões baseadas em dados e manterem-se à frente da concorrência.

Um dos principais desafios da análise das redes sociais baseada em IA é a privacidade e a segurança dos dados. Com as crescentes preocupações sobre violações de dados e utilização indevida de informações pessoais, os profissionais de marketing devem garantir que estão a utilizar ferramentas e técnicas de IA de forma responsável. Isto inclui a obtenção do consentimento dos utilizadores antes de recolherem os seus dados, a implementação de medidas de segurança robustas para proteger informações sensíveis e a adesão a regulamentos relevantes, como o Regulamento Geral sobre a Proteção de Dados (RGPD) na Europa.

A análise das redes sociais orientada para a IA oferece ferramentas e técnicas poderosas para os profissionais de marketing extraírem informações valiosas das vastas quantidades de dados gerados pelas interacções nas redes sociais. Desde a análise de sentimentos e o reconhecimento de imagens até à análise preditiva, os algoritmos de IA permitem aos profissionais de marketing compreender o comportamento dos clientes, identificar tendências e tomar decisões baseadas em dados. No entanto, é essencial que os profissionais de marketing utilizem as ferramentas e técnicas de IA de forma responsável e ética, garantindo que respeitam a privacidade dos utilizadores e cumprem os regulamentos relevantes. Ao aproveitar o poder da análise das redes sociais orientada para a IA, as empresas podem obter uma vantagem competitiva e alcançar o sucesso no atual panorama digital.

Exemplos reais de análises de redes sociais baseadas em IA que impulsionam as decisões empresariais

Netflix: O gigante do entretenimento utiliza a análise das redes sociais com base em IA para compreender as preferências e os comportamentos do público. Ao analisar as conversas nas redes sociais, os comentários e as interacções dos utilizadores, a Netflix obtém informações valiosas sobre os sentimentos e as preferências dos espectadores. Estes dados orientam as decisões de criação de conteúdos, ajudam nas recomendações personalizadas e informam as estratégias de marketing, resultando em taxas mais elevadas de envolvimento e retenção dos espectadores.

Starbucks: A Starbucks utiliza a análise das redes sociais baseada em IA para monitorizar o feedback e o sentimento dos clientes relativamente aos seus produtos e serviços. Ao analisar as conversas nas redes sociais em tempo real, a Starbucks pode identificar tendências emergentes, responder prontamente às preocupações dos clientes e adaptar as suas campanhas de marketing em conformidade. Esta abordagem proactiva permite à Starbucks manter uma imagem de marca positiva e aumentar a satisfação do cliente.

Nike: Como líder global na indústria de vestuário desportivo, a Nike utiliza a análise de redes sociais com tecnologia de IA para obter inteligência competitiva e compreender as preferências dos consumidores. Ao monitorizar as conversas nas redes sociais, a Nike pode acompanhar as actividades dos concorrentes, identificar tendências de mercado e antecipar a procura de novos produtos por parte dos consumidores. Esta abordagem orientada para os dados permite à Nike manter-se à frente da concorrência e adaptar os seus esforços de marketing para que ressoem junto do seu público-alvo.

Coca-Cola: A Coca-Cola aproveita a análise das redes sociais baseada em IA para analisar os sentimentos e as preferências dos consumidores em diferentes demografias e regiões geográficas. Ao monitorizar as plataformas de redes sociais, a Coca-Cola pode obter feedback em tempo real sobre as suas campanhas de marketing, lançamentos de produtos e iniciativas de marca. Esta abordagem baseada em dados permite à Coca-Cola otimizar as suas estratégias de marketing, personalizar as experiências dos consumidores e promover a fidelidade à marca.

Airbnb: A Airbnb recorre à análise das redes sociais com base em IA para compreender as preferências dos viajantes e melhorar a experiência do utilizador da sua plataforma. Ao analisar as conversas nas redes sociais e os conteúdos gerados pelos utilizadores, a Airbnb pode identificar destinos de viagem populares, preferências de alojamento e tendências de viagem emergentes. Esta abordagem baseada em dados permite à Airbnb otimizar os seus algoritmos de pesquisa, recomendar anúncios relevantes aos utilizadores e melhorar a satisfação geral do cliente.

Amazon: Sendo o maior retalhista online do mundo, a Amazon utiliza a análise de redes sociais baseada em IA para monitorizar o feedback e o sentimento dos consumidores relativamente aos seus produtos e serviços. Ao analisar as conversas nas redes sociais, a Amazon pode identificar tendências emergentes, antecipar as necessidades dos clientes e otimizar as suas ofertas de produtos. Esta abordagem baseada em dados permite à Amazon melhorar as experiências dos clientes, impulsionar as vendas e manter a sua vantagem competitiva no mercado do comércio eletrónico.

Ford: A Ford utiliza a análise das redes sociais baseada em IA para obter informações sobre as percepções dos consumidores relativamente à sua marca e aos seus produtos. Ao monitorizar as conversas nas redes sociais e a análise de sentimentos, a Ford pode identificar áreas a melhorar, responder às preocupações dos clientes e melhorar as suas mensagens de marketing. Esta abordagem baseada em dados permite à Ford reforçar a reputação da sua marca, criar confiança junto dos consumidores e impulsionar o crescimento das vendas.

IBM: A IBM utiliza a análise das redes sociais com base em IA para compreender as tendências do mercado, as preferências dos clientes e as actividades dos concorrentes. Ao analisar os dados das redes sociais, a IBM pode identificar oportunidades de inovação, antecipar as necessidades dos clientes e desenvolver campanhas de marketing direccionadas. Esta abordagem orientada para os dados permite à IBM manter-se ágil num panorama de mercado em rápida evolução, impulsionar o crescimento do negócio e manter a sua posição como uma empresa tecnológica líder.

Estes exemplos do mundo real ilustram o impacto transformador da análise das redes sociais baseada em IA na tomada de decisões empresariais. Ao aproveitar o poder das tecnologias de IA, as empresas podem obter informações valiosas a partir dos dados das redes sociais, tomar decisões informadas e obter vantagens competitivas na era digital atual.

BIBLIOGRAFIA

1. Capatina, A., Kachour, M., Lichy, J., Micu, A., Micu, A. E., & Codignola, F. (2020). Combinando as capacidades futuras de um software baseado em inteligência artificial para marketing de mídia social com as expectativas dos usuários potenciais. Previsão Tecnológica e Mudança Social, 151, 119794.
2. Basri, W. (2020). Examinar o impacto do marketing das redes sociais assistido por inteligência artificial (IA) no desempenho das pequenas e médias empresas: para uma gestão empresarial eficaz no contexto da Arábia Saudita. Revista Internacional de Sistemas de Inteligência Computacional, 13(1), 142-152.
3. Micu, A., Capatina, A., & Micu, A. E. (2018). Explorando a aplicabilidade de técnicas de inteligência artificial no marketing de mídia social. Jornal de Tendências Emergentes em Marketing e Gestão, 1(1), 156-165.
4. Benabdelouahed, R., & Dakouan, C. (2020). A utilização da inteligência artificial nas redes sociais: oportunidades e perspectivas. Revista especializada de marketing, 8(1), 82-87.
5. Gkikas, D. C., & Theodoridis, P. K. (2019). Impacto da inteligência artificial (IA) na pesquisa de marketing digital. Em Marketing Estratégico Inovador e Turismo: 7º ICSIMAT, Riviera Ateniense, Grécia, 2018 (pp. 1251-1259). Springer International Publishing.
6. Arasu, B. S., Seelan, B. J. B., & Thamaraiselvan, N. (2020). Uma abordagem baseada em aprendizado de máquina para aprimorar o marketing de mídia social. Computadores e Engenharia Eléctrica, 86, 106723.
7. Geru, M., Micu, A. E., Capatina, A., & Micu, A. (2018). Usando inteligência artificial no conteúdo gerado pelo usuário da mídia social

para estratégias de marketing disruptivas no comércio eletrônico. Economia e Informática Aplicada, 24(3), 5-11.

8. Theodoridis, P. K., & Gkikas, D. C. (2019). Como a inteligência artificial afeta o marketing digital. Em Marketing Estratégico Inovador e Turismo: 7º ICSIMAT, Riviera Ateniense, Grécia, 2018 (pp. 1319-1327). Springer International Publishing.
9. Dwivedi, Y. K., Ismagilova, E., Hughes, D. L., Carlson, J., Filieri, R., Jacobson, J., ... & Wang, Y. (2021). Definindo o futuro da pesquisa de marketing digital e de mídia social: Perspectivas e proposições de pesquisa. Revista internacional de gestão da informação, 59, 102168.
10. Murgai, A. (2018). Transformando o marketing digital com inteligência artificial. Revista internacional de tecnologia de ponta em engenharia, gestão e ciências aplicadas, 7(4), 259-262.
11. Kose, U., & Sert, S. (2016). Marketing de conteúdo inteligente com inteligência artificial. In Conferência Internacional de Cooperação Científica para o Futuro (n.º 837-43).
12. Van Esch, P., & Stewart Black, J. (2021). Inteligência artificial (IA): revolucionando o marketing digital. Australasian Marketing Journal, 29(3), 199-203.

Printed by Books on Demand GmbH, Norderstedt / Germany